U0182165

盐的故事

—中国美食之源—丛书

周莉芬／主编

中国科学技术出版社

·北京·

科影发现

中央新影集团下属优质科普读物出版品牌，致力于科学人文内容的纪录和传播。团队主创人员由资深纪录片人、出版人、文化学者、专业插画师等组成。团队与电子工业出版社、清华大学出版社、机械工业出版社、中国科学技术出版社等国内多家出版社合作，先后策划、制作、出版了《我们的身体超厉害》《不可思议的人体大探秘：手术两百年》《门捷列夫很忙：给孩子的化学启蒙》《小也无穷大》《中国手作》《文明的邂逅》等多部优质图书。

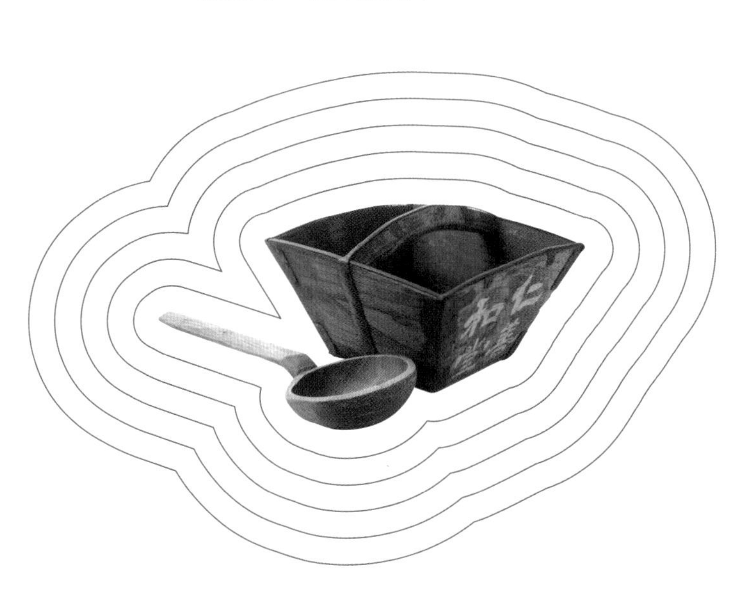

盐，一种神奇而美丽的晶体。

它是大自然的馈赠。它创造的景观千奇百怪，盐场上堆砌的盐山、盐湖里的百变盐花、荒漠上的盐湖、“盐刀”遍布的盐山……在食用之前，盐就给了我们巨大的视觉震撼。

五味之中，咸为首；万味之中，盐为源。盐隐匿在食物里，不知不觉增加了风味，给人们味觉的盛宴。经过漫长岁月的磨炼与沉淀，盐演变出了千姿百态的中国盐系美食。

中国是最早生产盐的国家。盐，影响了华夏文明和技术发展的进程。早在远古时期，华夏祖先就煮海水制盐。在中国，不同地域的人们，以各自的智慧，或煎煮海水，或打井煮井盐，或借助太阳和风力晒盐，获得白花花的晶盐或如梦如幻的粉盐……小小一粒盐，凝练了中华儿女的智慧与汗水。

盐不仅是调味品，还是储存食物的法宝，即使在保鲜技术发达的当代，盐依旧在腌制方面深藏功与名。独特的腌制味道俘获了华夏儿女的味蕾。

人的一日三餐，时终离不开盐。一粒盐，传递着人间烟火，隐藏着华夏文明生生不息、欣欣向荣的秘密。

目录

盐

地球之盐，大自然的馈赠

提到盐的来源，你会想到什么？

其实，盐这种微小而平凡的晶体遍布在世界各个地方，不管是海洋、湖泊、岩石、地下还是沙漠都闪耀着它的身影。

大约 45 亿年前，在地球诞生的初期，沸腾、爆炸在地球表面随处可见，火山口喷着炙热的气体。滚烫的地球慢慢“冷静”下来，大气中的各种物质混合在一起进行着复杂的反应，制造着各种新物质，其中就有咸咸的盐。经年累月，雨水带着盐，流入江河、大海、湖泊、地下。由于地质变迁，有些盐蕴藏在山里、岩石中。不过，储存盐最多的是海洋。占地球表面积 71% 的咸水水域被称为海洋。可以说，我们的地球是一个充满盐的星球。

海盐——山东工业化海盐场

盐湖——青海茶卡盐湖

盐矿——温宿古盐矿山

井盐——盐井里抽出卤水，用卤水熬煮出白花花的盐

盐的四大种类

作为地球上几乎所有的生物体都必须摄入的物质，盐的分布非常广泛。

如果盐以原料来源分类，主要分为 4 类：以海水为原料晒制而得的盐叫作“海盐”；开采现代盐湖矿加工制得的盐叫作“湖盐”（或“池盐”）；运用凿井法汲取地表浅部或地下天然卤水加工制得的盐叫作“井盐”；开采古代岩盐矿床加工制得的盐则称“矿盐”。

由于岩盐矿床有时与天然卤水盐矿共存，加之开采岩盐矿床钻井水溶法的问世，所以又把“井盐”和“矿盐”合称为“井矿盐”或“矿盐”。

中国的三大海盐场之一 长芦盐场

中国是全球第一产盐大国，海盐产量居世界第一。中国有漫长的海岸线，地势平坦，滩涂广阔，有许多大大小小的盐场，其中有三大著名的盐场：长芦盐场、布袋盐场、莺歌海盐场。

长芦盐场主要分布于河北省和天津市的渤海西岸，这里风多雨少，日照充足，海水蒸发快、含盐量高。它全长 370 千米，盐田 230 多万亩（1 亩 ≈ 666.7 平方米），年产海盐 300 多万吨，产量占全国海盐总产量的四分之一，是中国海盐产量最大的盐场。

长芦盐场的盐堆

长芦盐场开发历史悠久，可以追溯到五代后唐的“芦台场”，当时所产的海盐叫作“长芦盐”。明代，晒盐技术传入天津后，这里就设置了管理盐课的转运使，统辖河北全境的海盐生产。

盐课指中国历代政府对食盐产制运销所征的税。

长芦盐场

中国的三大海盐场之一
布袋盐场

布袋盐场位于台湾岛西南沿海，这里海边滩涂平直，地势平缓，沙滩广布，气温高，干燥少雨，常常连续两三个月滴雨不下，日照充分，季风强劲，蒸发快，对晒制海盐非常有利，而且会降低成本。

这里海水含盐度非常高，含盐量高达 35‰以上，是中国含盐度最高的水域之一，所产的盐色泽纯白，堪称上品。

因为拥有优越的条件，布袋附近连绵分布着一系列盐场，总面积达 4000 多万平方米，每年生产 60 多万吨食盐，是台湾地区最大的盐场，被人们誉为“东南盐仓”。

布袋盐场

从上空俯瞰莺歌海盐场的盐田

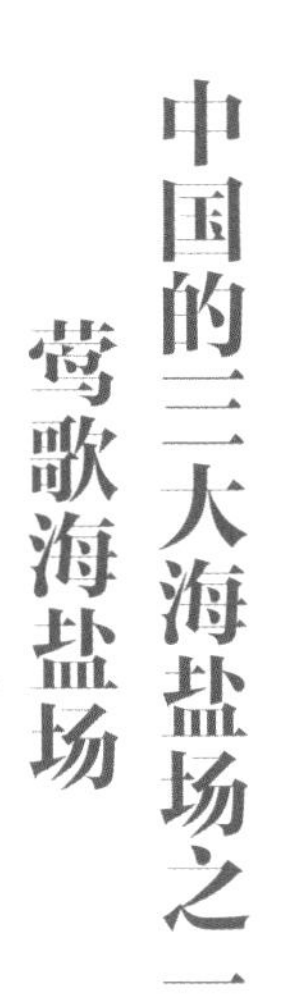

中国的三大海盐场之一
莺歌海盐场

莺歌海盐场位于海南省乐东县西南海滨的莺歌海镇，是海南岛最大的盐场。

海南岛沿海港湾滩涂颇多，海水含盐度高，加上连绵的群山挡住了来自北方的云雨，使盐场所在地域晴天多、气温高、蒸发量大、降水少，是理想的天然晒盐场所。

1958 年，莺歌海盐场建成，总面积 3793 万平方米，年生产能力 25 万吨，最高年产 30 万吨。

郭沫若先生看到莺歌海盐场万亩盐田银光闪耀的景象，曾作诗：“盐田万顷莺歌海，四季常春极乐园。驱遣阳光充炭火，烧干海水变银山。”

莺歌海盐场里的盐山

山东荣成市港西镇盐田

俯瞰荣成市港西镇盐田

夏日里大海边的多彩盐田
山东荣成

在中国山东省威海市荣成市港西镇成大东路北侧，有一片平坦空旷的海滩，此处潮汐落差较大、光照充分，是天然的晒盐宝地。

这里是山东乃至全国重要的海盐产地，曾列山东产盐八区的重点之一。

每年开春，盐场在大海涨潮的时候开闸，向盐池中引入新鲜的海水，然后凭借阳光和海风开始慢慢自然蒸发。

在许多人的印象里，盐是白色的，产盐的盐田也是一片白色。但这个盐场非常独特。夏日，经过大半年的晾晒，盐田的水在高温下不断蒸发，浓度变大，呈现出色彩斑斓、绚丽多彩的独特风景。从空中看盐田，好像一块巨大的调色盘。这其实是晒盐的不同阶段，咸度和蒸发结晶速度不同，或不同的盐田所含成分不同导致的。

『天空之镜』茶卡盐湖

中国共有 1500 多个盐湖，是世界上盐湖最多的国家之一。盐湖多在内陆，湖泊盐分越攒越多，长年累月便形成了盐湖。

提到盐湖，不得不说著名的“天空之镜”——茶卡盐湖。它的别称是达布逊淖尔。“茶卡”是藏语，意即盐池，也就是青海的盐池；“达布逊淖尔”是蒙古语，也是盐湖之意。

茶卡盐湖位于青海省海西蒙古族藏族自治州乌兰县茶卡镇。这里很多区域湖水极浅，不足 10 厘米。湖底盐白如雪，平静的湖面在白色盐晶体之上，天空

青海茶卡盐湖

和白云映照在平滑如镜的盐湖上。

沿小火车铁轨到达湖中心，站在盐湖上，低头间感觉脚下清凉细腻，伸手仿佛天空和云朵触手可及，亦梦亦幻，因此人们情不自禁地将其称为“天空之镜”。

茶卡盐湖

皇帝也钟爱茶卡盐

茶卡盐湖不仅景色美，而且面积大，是柴达木盆地四大盐湖之一。茶卡盐湖有 105 平方千米，盐储量达 4.5 亿吨以上。据估计，茶卡盐湖的盐足可以供全中国人民吃 80 年。

茶卡盐湖里的盐粒大质纯，盐味醇正，是理想的食用盐，而且含有矿物质，呈青黑色，所以人们也称之为“青盐”。

古代，乾隆皇帝特别喜欢茶卡青盐。清朝政府在乾隆二十八年（公元 1763 年）在此设立了盐务局，茶卡盐正式从私采变成了官采。

柴达木盆地是中国三大内陆盆地之一，盛产铁、铜、锡、盐等多种矿物，被称作“聚宝盆”“盐的世界”。

柴达木盆地四大盐湖分别是茶卡盐湖、察尔汗盐湖、马海盐湖、昆特依盐湖。

中国青海茶卡盐湖盐场

茶卡盐湖上的机械采盐船

茶卡盐湖开采

茶卡盐湖是柴达木盆地四大盐湖中开发最早的一个，远在青铜时代人们就在这里采盐，距今已有 3000 多年的开采史。

西汉时期，当地盐业兴盛，人们纷纷投入开采食盐业，经商贩盐。

茶卡盐湖存有地表湖水，盐盖没有因为长期暴露在外而变硬变厚，所以开采非常容易。只需要揭开湖面上几厘米到几十厘米厚的一层卤盖，就能看到下面厚厚的天然的结晶盐。

在以前，采盐多用手工，以四大件（铁锹、耙子、铁钻、铁漏勺）开采，以牦牛、骆驼等运输。中华人民共和国成立后，这里采用了高效的机械化作业——船采。

即使开采工具变了，但人们代代相承的“采盐精神”，却依旧深藏于盐粒之中。

船采即用采盐船挖掘盐。采盐船是湖盐生产设备，外形似船，可漂浮在盐湖水面，常将采盐、运输过程组合，根据工作原理有吸扬式、链斗式、铲扬式和抓斗式等类型。

茶卡盐湖上的盐工正在手工采盐

茶卡盐湖上的盐工用手捧着盐

盐变身工艺品

茶卡盐湖大型盐雕

茶卡盐湖的盐实在是太多了，人们找到了食用以外的乐趣：用盐做小型盐雕出售给游客，或大型盐雕供游客观赏。

大型盐雕是茶卡盐湖景区独有的景观，被誉为“世界最大户外盐雕艺术群”，其中耗盐量4800吨的成吉思汗雕像获得了吉尼斯世界纪录的官方认证。

盐雕随着风吹日晒雨淋，很难在长时间内保持一个完好的状态。为了让游客有更好的观景体验，茶卡盐湖景区几乎每年都会创造出新的盐雕来替代已经损坏的盐雕。

茶卡盐湖上的游客

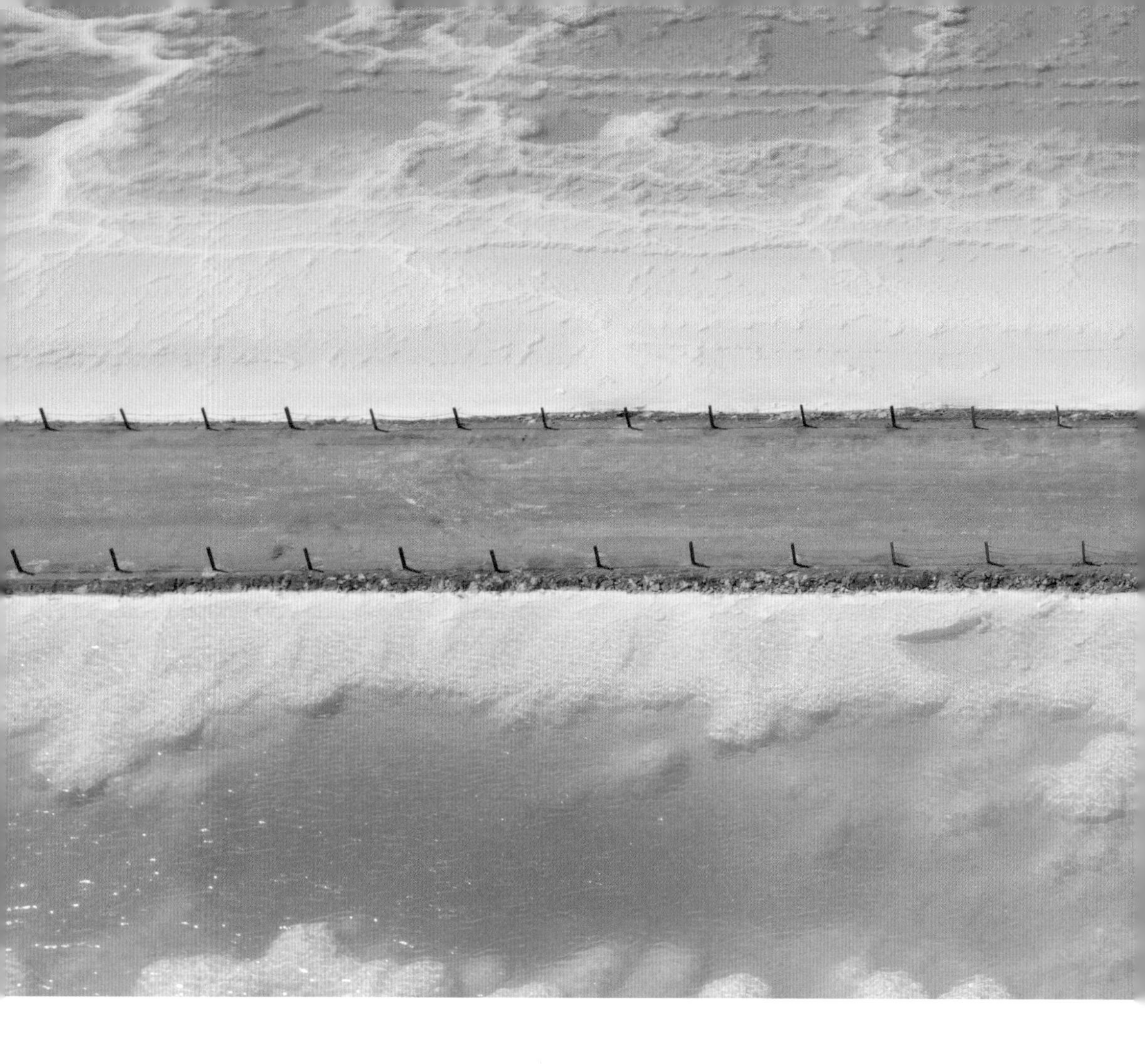

察尔汗盐湖 盐湖之王

在中国青海省，茶卡盐湖还不是最大的盐湖。在它的西面还有一个察尔汗盐湖，总面积 5856 平方千米，是中国最大的盐湖，世界上最著名的内陆盐湖之一，号称“盐湖之王”。

察尔汗盐湖不仅大，而且富集着多种盐类，是中国盐业资源储存最丰富的盐湖。各种盐类加在一起总储蓄量超过 600 亿吨，食用盐可供全球人类食用 1000 年，其中钠、镁、钾、锂储量均居全国首位，是中国最大的钾肥生产基地，被誉为“世界上最值钱的湖泊”。

盐钟乳、盐结晶，自然生长的宝藏盐湖

察尔汗盐湖的盐结晶

万丈盐桥

盐还能造桥

你敢相信吗，盐可以造桥。

由于察尔汗盐湖水分不断蒸发，湖面上形成了坚硬的盐盖，有的厚几十厘米，有的厚达近 20 米。当时青藏公路支线敦格公路修到察尔汗盐湖时，遇到了无数个由地下淡水溶蚀盐形成的溶洞。中国工程师就地取材，利用厚厚的盐盖填平溶洞。盐盖承载能力很强，公路就像一座桥浮在卤水上面，桥面平整光滑，桥下没有一根桥墩或立柱。这段公路全长 32 千米，折合市制长度单位可达万丈的公路，将盐湖从中间劈成两半,因此也被誉为“万丈盐桥”。

盐桥的不远处就是举世闻名的青藏铁路，一列列长蛇似的火车，吞云吐雾，呜呜吼叫着从湖面上飞驰而过。

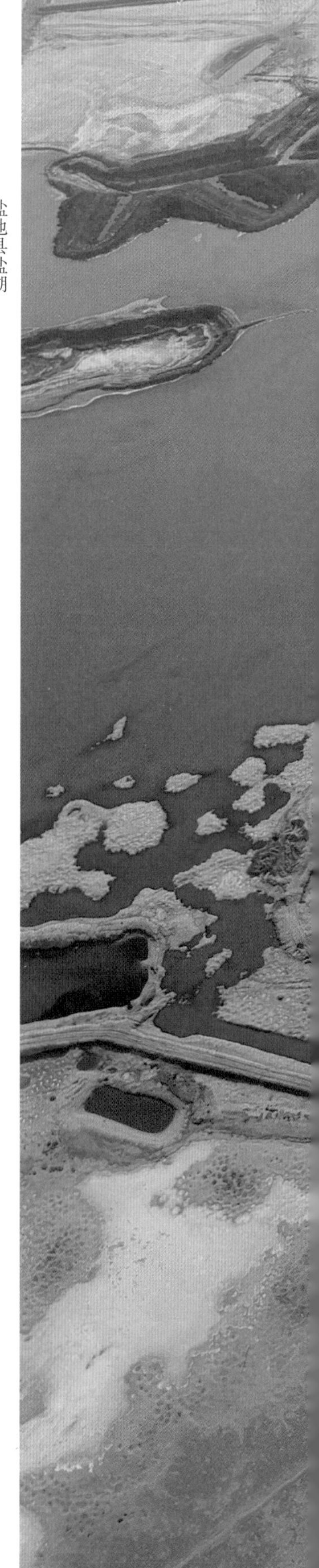

盐池县盐湖

荒漠里也有盐池

草原和荒漠上也有盐池存在。

历史上，宁夏回族自治区吴忠市盐池县是中国农耕民族与游牧民族的交界地带，县内由东南至西北是广阔的干草原和荒漠草原，分布有 20 多个大大小小的盐池。由于各种原因，现在盐池县只剩下了惠安堡一处盐湖了，也不再产盐。但在海盐大规模开采前，这里是闻名全国的食盐主产区之一。

将一个地域以“盐”命名，说明了政府对盐的重视程度。盐池县有 2000 多年产盐史，先秦时为“戎狄居地”，所产盐被称为“戎盐”。汉代，盐池境内设昫衍县，并在此设置盐官。《水经注》记载：“县东有温泉，泉东有盐池。”“盐池”指的是盐池县南部的惠安堡盐池。除了历史记载，盐池县境内的张家场汉墓群还出土了盛有食盐的陶器。

盐池长城缘何多

在古代，盐是名副其实的“奢侈品”，盐池县因盐得名，因盐兴旺，自然而然也成为兵家必争之地。

盐池县位于宁夏、陕西、甘肃、内蒙古四省（自治区）的七县交界地带，是宁夏的东大门，战略地位十分重要，自古有“平固门户，环庆襟喉”之称。

为了防御和保障买卖盐的收益，隋、明两代在盐池县境内修筑了 4 道长城。因此，盐池县被称为“露天长城博物馆”。现如今，盐池县仍有隋、明长城 250 多千米。走进盐池县，会看到两个高大的土筑墩台矗立在城北，这就是长城关的旧址，可以想象当时繁茂的盐交易和巍然屹立的长城。

盐池县长城关公园

明长城盐池段遗址
（宁夏长城多为土夯，与砖砌长城风格不同）

盐池滩羊

因为羊身体是白色的，放牧时远看像一片片碱滩，所以称为“滩羊”。

盐能够唤醒滩羊肉的鲜美

好吃的羊肉不只来自水草丰美的草原，也可能出自半荒漠化的草原。

盐池县的地下水大多为苦咸水，自古多盐池，当地人习惯称盐池为碱滩。

碱滩盛产“咸盐、皮毛、甜甘草”。在盐碱滩喝咸水、吃甘草的滩羊品质上乘。优越的地理环境培养了滩羊独特的质量，盐池县也被誉为“中国滩羊之乡”。

烹制盐池滩羊肉只需清水炖煮，不放盐，因为作为强电解质的盐会破坏羊肉的细胞膜使肉质中的水分渗出，口感会变老。装盘上桌前，盐才会闪亮登场，唤醒盐池滩羊肉的鲜美滋味。滩羊肉经过炖煮，肌肉纤维软化，肉质细嫩；饱含水分，肉厚丰盈，脂肪分布均匀；无膻味、鲜咸可口。

煮好的盐池滩羊肉

盐花

在罗布泊输卤渠大堤上，可看到盐湖碧波闪现、波光粼粼

从死亡之海到钾盐基地

罗布泊盐湖

罗布泊盐湖位于新疆塔克拉玛干大沙漠东部，曾是中国最大的盐湖，现在仅次于察尔汗盐湖，是中国第二大盐湖。

盐水孕育了灿烂的楼兰文化和古老的丝绸之路。

神秘的罗布泊曾经是人口众多的楼兰王国、丝绸之路的咽喉门户。不知何时，它却悄然消失，变成盐碱荒漠、沙漠、雅丹等各种面貌，一片贫瘠，成为世界上著名的干旱中心，被世人视为“死亡之海”“生命禁区”。

如今，罗布泊最吸引人的是茫茫腹地上的数个小盐湖，它们如同散落在沙漠中的颗颗珍珠，“漂浮”在沙漠中。湖水碧绿通透，每一处盐湖的湖堤都有大小不一、造型各异的美丽盐花，当地人称其为“盐牙”。盐花竞相绽放，独特的景观令人赞叹不已。

经过开发，这里的盐湖总面积达到约 170 平方千米，年产 140 万吨钾肥。在一代代中国人的努力下，人迹罕至的罗布泊，重现美丽盐湖。

世界上罕见的大型盐矿

新疆温宿盐山是中国唯一一座岩盐矿山。它由红褐色的巨大山体群组成，盐层厚度达 400 米，起伏绵延超过 100 千米，有着中国乃至全世界独一无二的奥奇克葫芦状盐丘底辟构造。

它不仅是世界上罕见的大型盐矿，还是一处特殊的自然风景奇观。现已和附近的阿奇克苏大峡谷一起，建立了“温宿盐丘国家地质公园”。

听说过火山喷发，但你不一定知道盐山竟是几亿年前像火山一样从地下深处喷涌而出的盐形成的。在地质学术语中，温宿盐山被称为“盐丘”。盐山原本是产在地层中的岩盐层，在地下较高的温度和压力条件下，岩盐形成巨大的丘状盐体，甚至冲破顶部岩层的束缚，像火山一样喷涌溢出，地质学用了“底辟”“刺穿”等术语来形容这种地质作用。

温宿古盐山

温宿古盐山上的盐块

洁白的盐块

红褐色的盐丘上覆盖着白色的盐

盐刀

遍布的盐山奇观『盐刀』

随着漫长的地质变化，历经洪水冲刷、雨水击打、劲风侵蚀等，表面的盐逐渐溶解掉，温宿盐山的山体犹如插满千万把直立的尖刀，“盐刀”“盐锥”“盐剑”等盐体形态嶙峋，形成喀斯特地貌景观，从上空看仿佛一座座“刀山”。

由于常年受雨水的沁润，温宿盐山内部还形成了特殊的盐洞奇观。作为一种地质奇观，盐洞具有观赏价值，晶莹闪亮的盐粒紧密地镶嵌集合在一起，钟乳石形状的盐花悬挂在不到一米高的洞穴深处。

盐锥

温宿盐山内部的盐花

矿盐开采

温宿盐山实在太大了，食盐储量也令人叹为观止，它蕴藏着 400 亿吨储量。平均来说，一人每年大约消耗 5 千克盐，全世界约 79 亿人，一年消耗 3950 万吨盐，这座盐山开采出来的盐足够全世界人吃 1000 年。

在盐场，随着巨大的爆破声，被炸开的盐块滚落山崖。这些大盐块将被送进盐厂，经过多次粉碎，粒径 2.5 厘米左右的小盐块被送入滚筒研磨机里，生成多种用途的粗盐。

如果想要精盐，要将粗盐继续溶解在水中形成盐水。将盐水引入蒸馏器中，用蒸汽将盐水煮沸，形成一层厚厚的类似膏状的盐糊。过滤后，将其干燥，并按盐粒大小进行筛分，这样就做成精盐了，再加入食用碘就能包装出厂了。

温宿盐山，装炸药准备开采岩盐

盐山爆破瞬间

晶莹剔透的盐块

在烤馕上抹盐

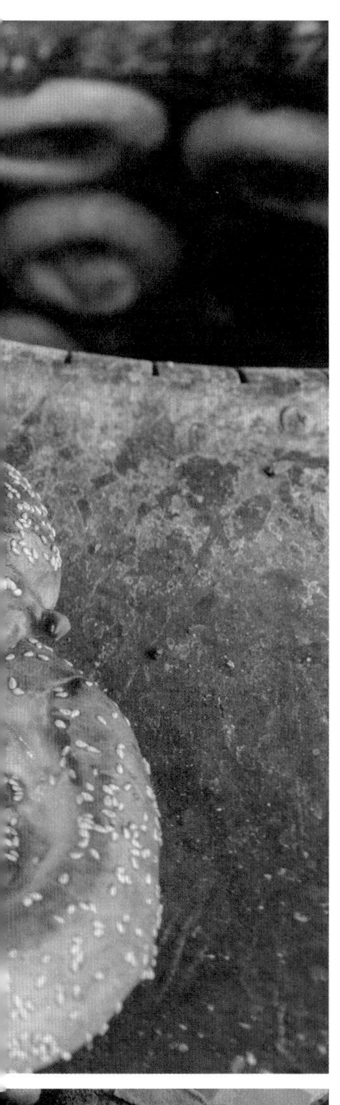

盐山的天然馈赠 咸香美味的馕

在新疆人民的美食中，取自当地温宿盐山的盐，做出来的食物更美味、纯粹。

在中国新疆有一种美食叫馕，呈圆形，外皮金黄，原料是面粉，制作前要发酵，但和面时不放碱而放少许盐。烤馕时，面上加点盐，不需其他任何调料，就形成了烤馕咸香酥脆的质感。

当地广泛流传着“好厨子一把盐”“可以一日无菜，不可一日无馕”的俗语，从中就可以看出盐与馕在新疆人心中的地位！

烤馕

小知识：

“馕”，波斯语音译，意为面包。馕是一种圆形面饼。先以面粉发酵，揉成面坯，再在特制的火坑（俗称馕坑）中烤熟。流行于新疆等地，已经有两千多年的历史。

盐

国之大宝，兵革之祸

盐文化最早起源于中国。

食盐最早是用海水煮出来的，这是不争的事实。《说文解字》中记述：天生者称卤，煮成者叫盐。在古代，中国人将沙子晒在地面上，洒上海水。火热的太阳蒸发海水，海盐附着在沙子上。人们收集这些沙子用海水浇灌，成为浓浓的咸水，并称这种自然盐水为“卤水”。最后，用火熬卤水，得到白花花的固体结晶就是“盐”。

早在炎黄时代，夙沙氏煎煮海水制盐，后世尊崇他为“盐宗”。

盐是人们生活必需品之一，关乎国计民生。有盐，民生安康、国家富强。在中国传统文化中，盐被称为“国之大宝”，在《三国志》等古书中都有记载。因为在古代，盐的获取、运输都非常耗时耗力，自然成为各个部落、国家争相抢夺的对象。

夙沙氏煮海水发现盐

中国是最早生产和食用盐的国家，中国利用与生产食盐可追溯到新石器时期。

相传炎帝时期，位于山东半岛南部胶州湾一带生活着一个原始部落，部落首领名叫夙沙。有一天，夙沙从海里打了半罐水放到火上煮，突然一头野猪从眼前飞奔而过，他随即拔腿追赶，等扛着捕获的野猪回来时，罐里的水已经熬干了，只在罐底部留下了一层

山东半岛南部胶州湾一带的海边

白白的细末。他用手指蘸了一点尝了尝，味道很咸。夙沙用烤熟的野猪肉蘸着它吃，味道很鲜美。

那白白的细末便是从海水中熬制出来的盐。从此以后，夙沙盐就走进了人们的生活，并成为必不可少的生活物品，夙沙氏被人们称为“盐宗”。后来，人们在胶州湾修建了盐宗庙，供奉煮海水制盐的夙沙氏。

山西运城 七彩盐湖

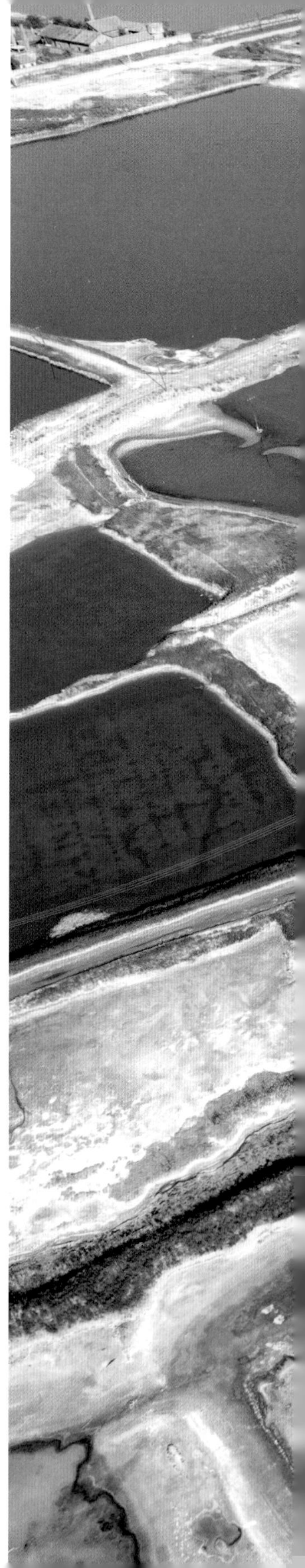

在中原地区，山西省运城市的盐池是唯一一座天然成盐的盐湖，盐湖总面积 130 多平方千米，盐层会自然结晶，是一处巨大的产盐基地。

运城盐池是中国历史最悠久的盐池，距今约有 0.6 亿年历史，最早被称为“盬”（gǔ）、“鹾*（cuó）海”“古海”，因位居黄河以东，又称“河东盐池”；因此地古代为解县和解州之地，又名“解池”；因出产盐的璐村而得名“璐盐”并沿用至今。

夏天，随着气温升高，盐湖温度、盐分浓度升高，人在湖中可以漂浮不沉，被誉为“中国死海”。

盐湖中的藻类和盐水虫繁殖，变幻出各种颜色，宛如一个巨型调色盘，各色颜料饱满流溢、异彩纷呈、美不胜收。

*鹾：字义是盐，也有咸味的意思。

山西运城七彩盐池

山西运城盐池

垦畦浇晒产盐法 孕育繁荣耀河东

运城盐池是人类最早开发的盐湖，是中国最古老的盐业生产中心。

华夏祖先在运城盐池应用的开采技术一度领先世界。运城盐池最早采用“天日曝晒，自然结晶，集工捞采”的自然产盐方式，即含有盐分的池水，经过风吹日晒，浓缩达到饱和程度，自然结晶成盐，人们便组织力量捞采，捞采过后还会再结晶，再捞采，反复

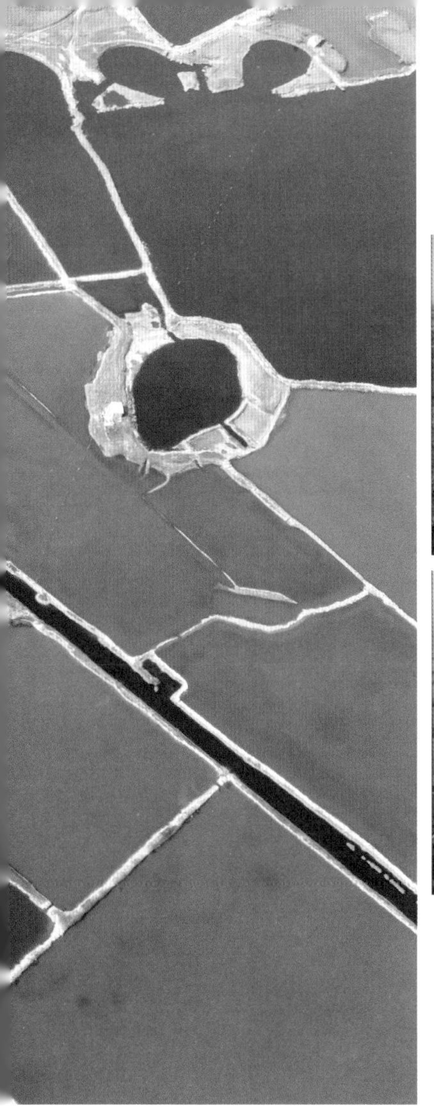

盐田

中条山位于中国山西省南部，黄河、涑水河间，横跨临汾、运城、晋城三市，居太行山及华山之间，山势狭长，故名中条。

进行。这一技术在尧舜时代或更早的时期就形成。

春秋时期，“垦畦浇晒产盐法”开始萌芽，古人像引水浇田一般，在运城盐池旁人工垦殖成晒盐的畦地。畦地旁有渠、有路，将卤水灌入畦地里。

经过日光曝晒和中条山强劲的南风吹拂，五六日就可以晒成一次盐，盐质洁白如雪，有“千古中条一池雪”的说法。

苦盐去苦的历史

最开始运城盐池产的盐味道发苦，人们把它叫作苦盐。其实，有苦味是因为没有过滤掉硫酸镁等杂质。

唐朝初年，产盐技术有了重大突破。历代盐工在生产实践中发现在晒盐过程中加入淡水，结晶出来的食盐杂质更少、苦味更小。

唐代，垦畦浇晒法基本成熟，因为有五个步骤，又被称为“五步产盐法”。

主要步骤有：集卤加水、过箩除杂、储卤保卤、

山西运城盐池盐堆

山西运城盐池硝板上的盐结晶

结晶分离、铲出集堆。

这里使用的箩不是竹子编的器具，而是产盐过程中结晶而出的硝板，即在盐畦底部形成的一层白钠镁矾。卤水进入“箩”后，可以清除杂质和苦味。

垦畦浇晒法是产盐工艺的重大创新，是盐业生产技术发展的重大进步，也是中国盐业生产史一个划时代标志。2014 年，垦畦浇晒法被列为国家级非物质文化遗产。

难得一见的硝凇奇观

如今，运城盐池已不产盐，改为生产芒硝。

冬日里，随着气温降低，运城盐池还会出现美丽的“硝凇”奇观，“硝凇”是芒硝的结晶体。当温度下降到一定程度，在寒冷的冬风吹拂下，盐湖水中的芒硝会大面积地长出雪花状、松针状的结晶，它们凝结在一处，形成一簇簇晶莹剔透的玉树琼枝，盐湖工人为它起名为“硝凇”。

随着时间发展，白色不断扩大，从空中俯瞰，冬日的盐湖中一片白色，十分壮观。

芒硝又叫硫酸钠，是一种硫酸盐矿物，白色、无臭、有苦味的结晶或粉末，有吸湿性，用于制玻璃、瓷釉、纸浆、洗涤剂、干燥剂、染料稀释剂等用品。

山西运城盐池的硝淞奇观

中国古代盐务专城

运城

山西运城作为中国最古老的盐业生产中心，它的得名也跟盐紧密相关。

“先有盐务，后有运城”。在古代，盐很稀有。上古时期，运城因为拥有盐池，人们陆陆续续来这里居住、制盐，将制作好的盐运往全国各地。千百年来，运走的盐换来金银，推动当地经济发展，运城因此变得繁华。春秋时期，这里称为“盐邑”，汉代改称“司盐城”，宋元时为“运司城”，元末正式修筑了官城，改变了这里的政治属性。

在运城盐池收盐

运城即“运盐之城”，即为了盐的运销而设立的城。这是中国历史上唯一因盐运而设的城市，被称为“盐务专城”。

盐池一角

有人说，运城没有盐池就不会建城；而盐池没有运城这个城市，也难以管理。历代政府为了防止珍贵的盐被偷，在盐池周围修筑了不少防护设施。比如，明代围绕盐池修建了一圈很厚、长五十多千米的禁墙。

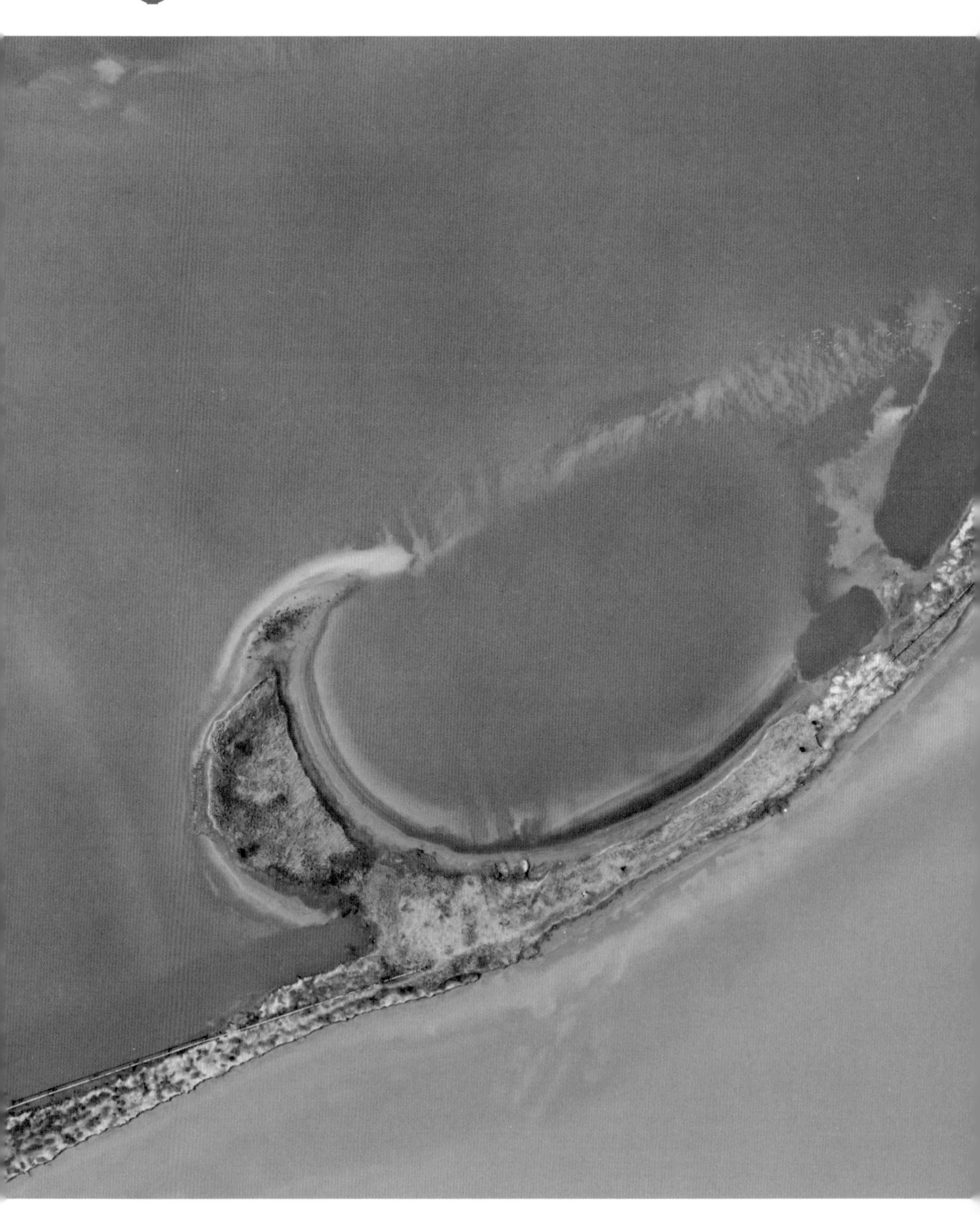

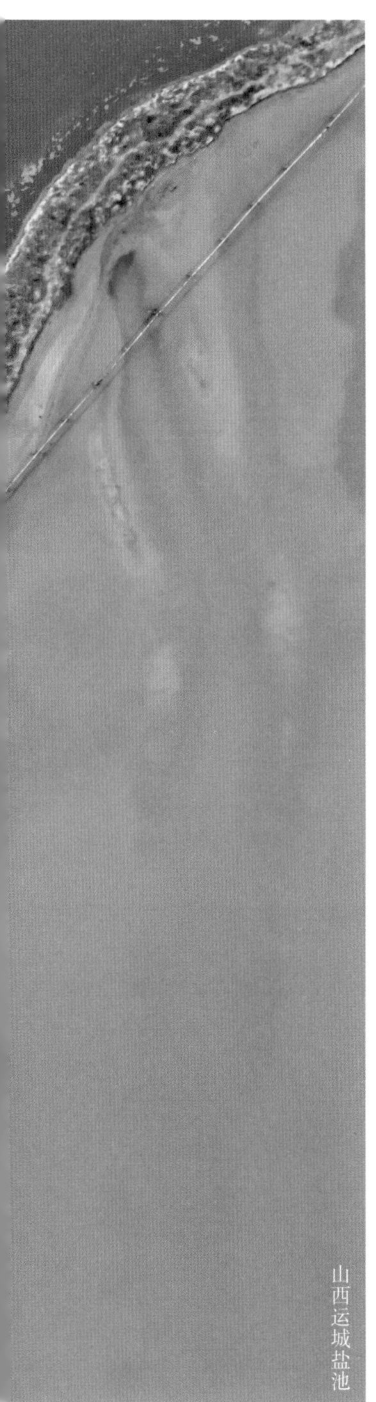
山西运城盐池

战争因盐而起

在古代，盐既是生活必需品，也是一种是贸易消费的奢侈品。

原本属于自然的盐，在权力和国家的不断冲突中，一次次成为了争端的导火索。

《梦溪笔谈·卷三》记：解州盐泽，方面二十里。久雨，四山之水，悉注其中，未尝溢；大旱未尝涸。卤色正赤，在版泉之下，俚俗谓之蚩尤血。

蚩尤血其实指的就是食盐，传说中，蚩尤之所以有能力与黄帝抗争，凭借的就是盐泽之富。解州盐泽就是山西解州解池，传说这里是神农蚩尤部族故地。

当然，我们在讲述这些故事时，都要加一句“传说中”，这些确实都是神话。

在历史上，盐作为资源之争，的的确确影响了国家之间地理上的边界，也改写了我们的历史。

盐结晶

西夏的盐袋子 『征服』北宋的钱袋子

中国西北部的甘肃、内蒙古一带的盐池，与运城盐池的盐不同，白色的盐里掺杂着青绿色的盐，人们管它叫“青白盐”。

相比运城盐池的盐，青白盐味道更甘甜、价格更低廉。这种盐含有多种矿物成分，据说居住在这些地区的人由于长期食用这种青白盐，高寿者特别多。

北宋时期，位于北宋西北边界的西夏，盛产青白盐。很多从西夏走私的青白盐越过边境流入北宋境内，抢走了由北宋朝廷控制的高价解盐的市场，走私现象屡禁不止，滚滚白银流入了西夏政权的国库。

银子

青白盐

堆积成山的青白盐

解盐与青白盐的对抗

西夏的“青白盐”一时间成为北宋“解州盐”的劲敌，北宋的“摇钱树”受到了威胁。

于是，北宋颁发诏令禁止青白盐贸易活动，简单地说，就是不让青白盐进入大宋，更是规定了私下贩卖青白盐的，死刑。

北宋禁止了青白盐的流入，却并没有及时用解州盐补上“缺口”，导致盐价飞涨，出现了“关陇民无盐以食”的境况。

百姓没钱买盐，纷纷倒戈西夏，边境战事不利，宋朝军队疲于奔命，最终北宋停止禁盐令，恢复贸易。

那个时候，食盐贸易很大程度上影响着两国的关系。食盐贸易禁绝，两国关系剑拔弩张。食盐贸易通畅，两国关系则缓和很多。

西夏“铁鹞子”重装骑兵部队

用盐腌制肉类

重要的战略物资 盐

盐，从来都不是简单的食品，而是一种战略物资。

16 世纪，英国开始全球性的殖民扩张。1840 年春天，由 40 余艘战舰和 4000 多名士兵组成的英国远征军从英属殖民地印度出发来到中国。

远征军的后勤补给在很大程度上要就地解决。在制冷设备发明前，食盐可以对食物进行长期保鲜，是重要的压舱物和保鲜剂，也是必不可少的远征物资。英国的战舰会辟出专门的舱位来存储食盐和腌制食物，士兵也被配给巨大的盐包。每天在正常航行过程中，士兵们可能有一半的时间会做一项重要的工作，就是在行军途中把获得的鲜肉用盐包进行防腐处理，以便可长久保存。

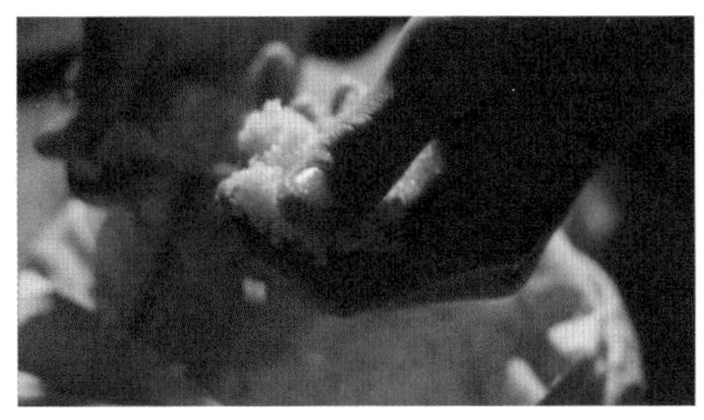

从袋子中取出食盐

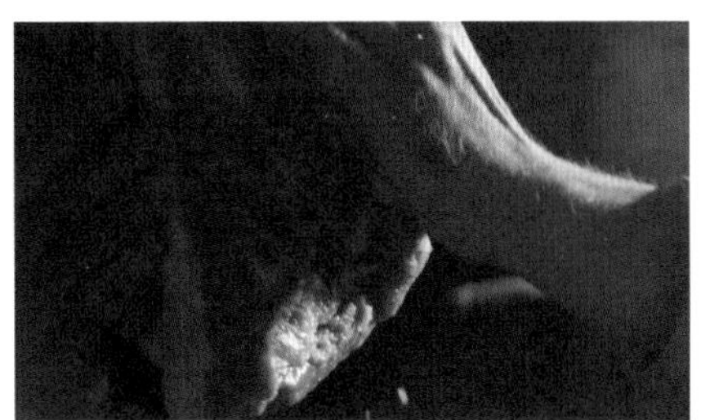

用盐腌制食物

码头运盐的货船

绵延的竹制管铺满自贡的一处地面

国家命运决定盐业发展

鸦片战争，中国战败。英国用满载着腌制食物的战舰和火炮逼迫中国开放贸易之门，除了倾销大批的鸦片之外，也有包括盐在内的工业产品。

当时清政府统治下的中国，盐税占了国家财政的半壁江山，开放食盐贸易，无异于将清政府的经济命脉拱手相送。

从 1840 年到 1911 年这 70 多年的时间里，清朝政府最终没有守住这根最后的稻草，将盐业管理权移交给了英国。

自贡人熬盐

日本雨量较大，海岸线曲折，滩地晒盐区域少，大部分盐需要进口。

1937 年 7 月，抗日战争全面爆发，日本试图通过“盐遮断”，造成中国人的恐慌。

日本侵略军占领了中国沿海产盐地，切断沿海通往内地的盐运通道。

攻坚克难，涅槃重生
中国盐业的红色文化

抗日战争进行的十四年中，自贡的盐产量不仅没有下降，反而增加了，解决了全国近三分之一民众的生活所需食盐；向国家上缴的税收，支撑了战时政府岌岌可危的财政。盐工们甚至还自发捐款购买了两架飞机支持战争。

1938 年 4 月，年轻的大学老师孙明经只身带着摄影机来到自贡。在战火中，他记录下了当年自贡产盐的盛况。绵延的竹制管道如同过山车，一座座天车密密麻麻地矗立着，码头运盐的货船云集，光着身子的提卤工人透着汗渍……这些珍贵的黑白照片都保存在自贡市盐业历史博物馆中，提醒着人们盐是抗战期间中日双方争夺的重要资源。

孙明经

自贡盐业历史博物馆

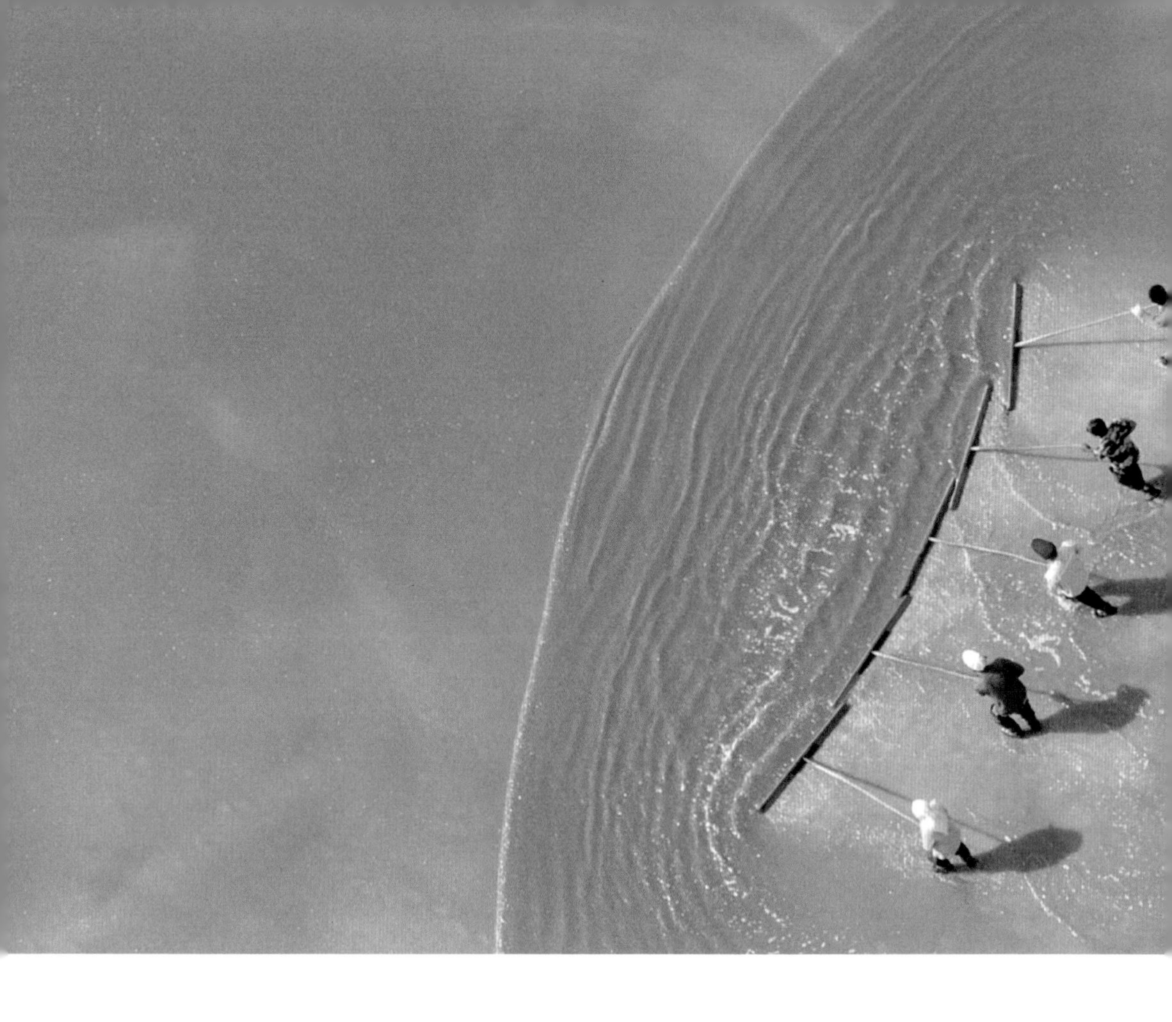

商周时期 国家统一管理盐业

中国盐业源远流长。

远古时代，政事简单。盐与所有物品同等，国家不统一管理，人们自由生产、买卖。尧舜禹时期，盐就是部落之间经常交换的物资。

到了夏朝、商朝、周朝，官府在产盐地设官，管理盐业。这从周代金文的盐字就能看出。金文“鹽”字由“臣”“人”“卤”“皿”组成。“臣”代表大臣，指盐是由朝廷控制；“人”代表人力；“卤”代表卤水，指盐的制作原料；“皿”代表蒸煮的器皿。

2003 年，在山东省寿光市北部双王城水库陆续发现商周盐业遗址群。盐业遗址群位于渤海莱州湾南

山东莱州湾盐区的盐田

岸，这里处于中国面积最大的鲁北盐碱滩涂地，地下卤水的含盐浓度之高，在全国是绝无仅有的。

莱州湾盐田

周盐业遗址群面积达 30 平方千米，有卤水井、蒸发池、蓄水坑及煮盐用的大型灶台，每次能生产 5 万斤食盐。每个灶都有由几个木柱撑起来的顶棚，而这些木柱的直径大概有 35 厘米，非常粗壮，海边不可能有，专家认为木柱是由官府下令从很远的地方运过来的。

莱州湾盐田的盐

这里的制盐设施规模如此巨大，专家推断商周时期制盐业已经是由国家统一组织和管理。

双王城盐业遗址里的盐灶与盔形器

煮盐的重要工具

专家还在双王城水库盐业遗址群发现了一些造型有趣的陶器，看着像陶锅，底部却是尖形的。造型有点像用来提水的水罐，却又没有穿绳子的耳朵。它到底是用来做什么呢？

仔细观察，陶器里边还附着一层白色的沉淀物。研究证明，这是煮盐的盔形器。古人从卤水井中提取卤水，在盐池内浓缩卤水，在盐灶上煮盐。每个盐灶有 40 多平方米，能放 200 多个盔形器。

这些发现对了解商周时期制盐所用的原料、煮盐工具、煮盐流程等具有重要的意义。这证明生活在鲁北的先民，以勤劳和智慧创造了灿烂的盐业文明。

从双王城盐业遗址现场出土的商周时期盔形器

食盐官营开始

齐国在今山东省东北部，面临大海。

盐税是指以向从事生产盐、经营买卖盐和进口盐的人征收的钱。

春秋时期，盐业有了新发展。

靠海的齐国，被称为“海王之国”。齐国的宰相管仲为了将本国丰富的海盐资源转换为国家收入，推行了一系列民产、官收、官运、官售的食盐政策，食盐官营自此开始，管仲也成为盐专卖的创始人。后来，秦朝商鞅变法，实行国家盐铁专卖政策，从生产到出售，盐业彻底属于官方运营。

官方运营盐业因素有很多。民以食为天，食以安为先。食盐安全关系到食用者的安全，如果不进行管控，不合格的盐流入市场，人们的健康就会受到威胁；如果价格不统一，乱定价格，盐价过高，老百姓可能会吃不起盐。最重要的是，人人都要吃盐，食盐消耗量非常大，买卖盐产生的税收是国家重要的收入来源，能在一定程度上保证国家的财政安全。

收盐

汉帝国的财政密码
食盐

众所周知，真正让西汉天下繁荣稳定的皇帝是汉武帝，他北伐匈奴，西击大宛，南灭百越，东征朝鲜，使汉朝在政治上达到顶峰。其实，汉代的强大与盐业专营不无关系，盐业专营使国库充盈，为战争提供了巨大的财富支持，才能让汉武帝在漠北战役中彻底击溃了匈奴。

盐工劳作

汉武帝时期，国家对盐业专营的垄断到了非常严苛的程度。在盐、铁专营之前，盐价大约是每石 300 钱，相当于一斤盐卖 30 多元钱。盐业专营后，盐价涨了 3 倍多，相当于一斤盐卖 100 多元钱，大大增加了百姓的负担。晚年的汉武大帝深刻地意识到了这一点，公元前 89 年，68 岁的汉武帝怀着愧悔，黯然颁发了诏书——《轮台罪己诏》，其中也表达了对盐业专营的悔恨。这是中国历史上第一个记录在案的皇帝检讨书。

收盐

一场不见硝烟的食盐战争

公元前 87 年，汉武帝去世前做了托孤的安排，任命理财大臣桑弘羊为御史大夫，霍光为大司马大将军，要他们共同辅佐年仅八岁的昭帝。

然而，两个人对盐业专营有不同的见解。桑弘羊多年来独掌盐权，坚持盐、铁专营；霍光则反对，倡导无为而治。

公元前 81 年 2 月，朝廷从全国各地找来了 60

《盐铁论》

多位能言善辩的贤良，就盐、铁专营政策展开辩论。支持霍光的队伍批评盐、铁专营是国家与民争利，导致民不聊生，民生疾苦。支持桑弘羊的队伍则提出，假如没有国家资本的垄断经营，中央集权如何维持？帝国的力量又来自哪里？

这次辩论会历时五个月，双方各执己见，难分高下。30 年后，辩论的记录被整理成一本书，这就是著名的《盐铁论》。

天下之赋 盐利过半

唐朝前期，即安史之乱之前，国家政治安定，经济繁荣，百姓安居乐业，政府对盐业实行低税甚至无税政策，盐价非常低廉。

安史之乱后，为缓解经济压力，政府对盐业改革，改食盐官收、官运、官卖为官收、商运、商卖，统一征收盐税。

相对之前的盐政，兼顾了商人的利益，做到“官商分利”，调动了盐商的积极性，促进了食盐的生产、销售。

“天下之赋，盐利过半。”盐利不仅使唐朝国家军队的军饷有了保障，而且整个皇宫的开销和朝廷官员的俸禄也从中支取。

盐田

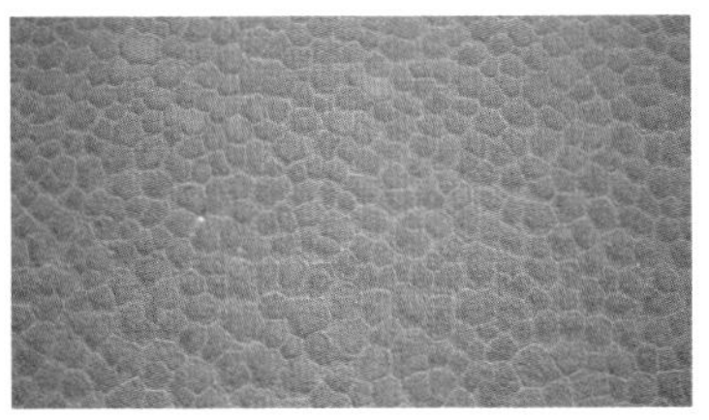

盐引
朝廷和商人的获利法宝

宋代以后，政府为了获利实行盐引政策。盐引是政府发给盐商的食盐运销许可凭证，通俗说，就是买盐和卖盐的许可证。如果想要合法贩盐，商人必须先向政府买盐引，然后凭盐引到指定的盐场购盐，又到指定销盐区卖盐。盐引的地位日渐提高，到了清代，变得更加重要，成为政府大肆敛财的工具。

在这种政策背景下，盐商们也因为这张薄薄的凭证，获得了交易盐的许可，得到致富的机会。盐商甚至可以垄断全国食盐的销售与流通，操纵盐价，获取利润。仅在扬州一地，徽州盐商的资本就相当于当时国库存银的一大半。

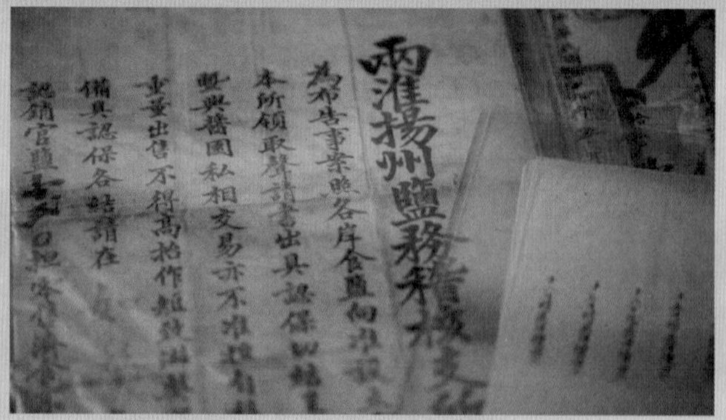

盐引

盐引

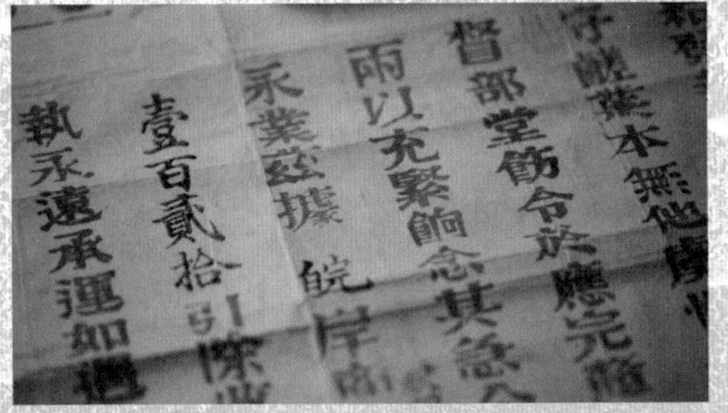

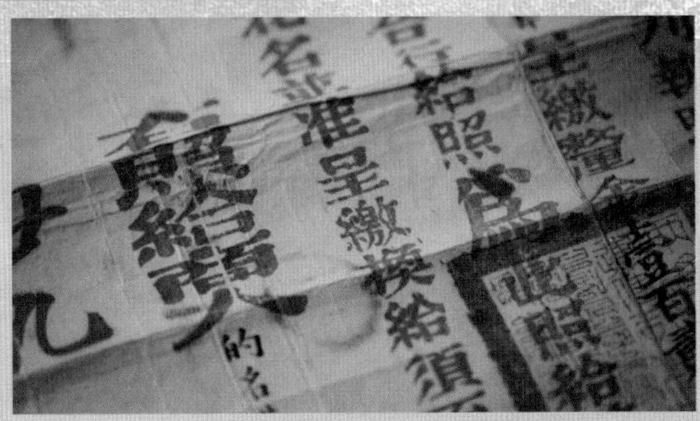

盐

千年盐井，古法煮盐

盐是我们生活的必需品，但在地球上，盐的分布极不均衡，每个地方的人们都想方设法地获得盐。

临海而居的人们通过煮或晒海水得到盐，靠盐池的人们垦畦浇晒得到盐，近盐山的人们取盐块粉碎后得到盐，而身处内陆的人们，也有办法——凿井取卤，煎煮后得到盐。

中国是世界上最早开采井盐的国家。早在战国时期，人们就已懂得系统地开凿盐井、炼制井盐。

中国井盐主要分布在西南、中南一带，如四川、云南等地。这些地区地质条件特殊，白色的宝藏——盐矿埋藏在深深的地下，在地下水的作用下造就盐卤，最终形成天然的盐井。由于颜色与普通泉水不同，很容易被发现，引来人们开发。

卓筒井『中国古代第五大发明』

战国时期，水利工程专家李冰在兴建都江堰工程的过程中发现盐卤，在四川双流开凿了中国第一口盐井。

北宋，在四川大英，人们改进之前的大口盐井，发明了小口的卓筒井，能到达更深的地下汲取卤水，因为机关巧妙，被誉为“中国古代第五大发明”。

卓筒井的汲卤筒由竹子制成，底部装有巧妙的机关，是用熟牛皮制成的单向阀门。汲卤筒往下放时，筒内的熟牛皮会因为压力向筒壁内张开，卤水随之涌入筒内。汲卤筒向上提升时，筒内卤水因为重力又将张开的牛皮压回到筒底，使汲卤筒封闭，这样卤水就不会下漏。

四川卓筒井

盐结晶

卓筒井晒盐棚及筒车

千年盐都，卤水胜地
自贡

中国四川省自贡市井盐开采历史已有近两千年，有“千年盐都”之称。

自贡，自古以来因盐建镇，“自”“贡”这两个字也是自流井和贡井合称而来。

自贡具有得天独厚的成盐条件：地处四川盆地南部低山丘陵区，巨大的背斜层面积达 200 平方千米，构造基底稳定，沉积盖层较厚，而且是地下水动力场的中部地带。四川盆地属于古地中海的一部分，经历亿万年的地质运动和地质构造变化后，逐渐形成了目前的地势，遗留下来的海水经蒸发、浓缩，盐分沉积下来，被埋藏在地下，形成了盐卤层厚、浓度大、储量大、埋藏深的盐矿。

自贡是四川最大的井盐产区。在 55 平方千米的土地上，历代盐工艰辛劳作，一共开凿了 13000 多个盐井。如果以每口盐井 300 米深度计算的话，等于靠人力打穿了 400 多座珠穆朗玛峰。

自流井： 富含矿物质的卤水会自行喷出而得名。
贡井： 所产盐质量佳，曾进贡给宫廷而得名。

四川天车

世界第一超千米盐井

钻井技术在井盐生产中有着决定性的意义。

清朝，自贡人用卓筒井凿井技术凿出了世界第一口超千米（井深 1001.42 米）的盐井——燊海井。井凿成后，每天喷出两万余桶的黑卤，每天还产天然气 8500 多立方米，够烧盐锅 80 多口。

桑海井

该井至今仍能产卤水制盐，是生产井盐的“活化石”，是中国古代钻井工艺成熟的标志。

自贡盐场的凿井技术在 18—19 世纪达到顶峰，原理领先世界其他国家，因为与现在的石油钻井技术相似，卓筒井凿井技术也被国际学术界誉为“世界石油钻井之父”。

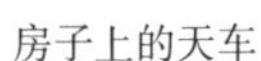

房子上的天车

地滚子

井盐文化的地标建筑

天车

制作井盐需要的主要建筑除了灶房，还有天车房、大车房等。

天车房里面是盐井，每口盐井上架着高耸的井架，用来抽取地下几千米深处的卤水。

井架在当地叫作天车，天车一般有数十米高，最高的有 118 米，相当于 39 层楼高，好像通天高塔，奇伟磅礴，有人惊呼它为“东方的埃菲尔铁塔”。

天车不是真的“车”，而是像堆积木一样，将木头往上累叠，用篾绳捆扎而成。没有地基，以两根圆木捆扎的大木柱作为主要支架，地面是用篾绳作拉式支撑，顶部安装“天滚子”（固定滑轮），而在天车和大车之间，安装一个“地滚子”，用于改变力的方向。盐工只要转动地上的大车（即绞盘），就能轻松拉取出井里的卤水。

大车

维护天车

天车的建造者和守护者

辊工

天车高高矗立，仅靠捆扎固定，难道没有不牢靠的时候？

辊工就是自贡盐井的守护者，是自贡井盐生产独有的工种。

他们会例行检修、更换材料，用木楔子插在缝隙中给天车加固。看似简单的工作，却要克服种种困难。首先，爬上天车在高空作业，需要很大的胆量，能够克服心理障碍。然后，整个天车要换上百根捆扎的篾绳，所需的木楔子更是不计其数，要适应不同于平地上的用力方式。最重要的是，辊工之间讲究团队合作，一旦上了天车，每一位组员都要尽力而为、配合默契。

正在维修天车的辊工

自贡老盐厂

自贡最早利用天然气煮盐

煮盐需要燃料，四川制盐业最辉煌的成就之一就是火井煮盐。

汉朝，四川邛崃人在钻盐井过程中时发现有的井里有一种气体，碰火就能燃烧，这就是现在的天然气，人们把产气体的井称为“火井”。

西晋张华的《博物志》记载：“临邛（今邛崃）有火井深六十余丈，火光上出，人以筒盛火，行百余里，犹可燃也。”东晋常璩的《华阳国志》也记述了取井火煮盐的情况。人们把天然气用竹筒采集、储存。当时，整个自贡也都遍布着天车和输送盐卤与天然气的竹制管道。

自贡的东源井，自 1892 年开始逐步投产至今，仍保持产出，世人无不震惊，被誉为“世界钻井史上发现的地质结构罕见的百年不衰的天然气老井”。

四川之所以能成为世界上最早发现和利用天然气的地区，与当地的环境关系非常大。这里自古环境优美，有机生物体种类繁多，掩埋后有机物发生分解，加上地质运动等，天然气得以生成。

四川自贡古法煮盐

四川人凿井取卤水，采取传统的熬煮方法，用大锅熬制白花花的盐。

制作过程主要有七个步骤。

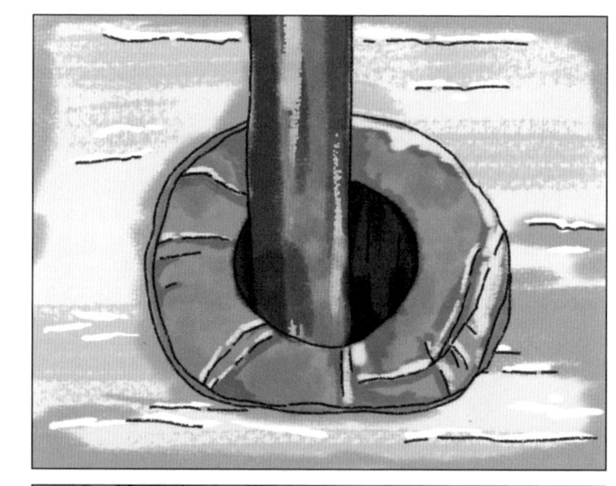

1. 提卤放闸

打开盐井的闸门，用汲卤筒提取卤水。

2. 采集卤水

通过竹筒把卤水收集到桶里。

3. 水送灶房

人们通过水管输送或一桶一桶提，把水送到灶房，开始煮盐。

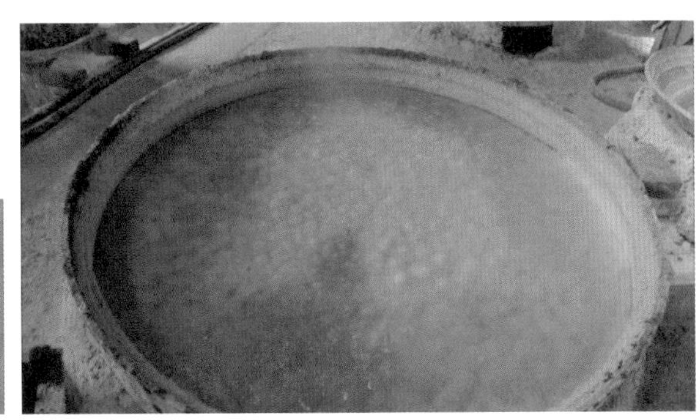

4. 预热池加热熬煮

煮盐的锅古时候叫作“牢盆”，铁做的。在牢盆下面烧火。卤水在牢盆里不断被大火煮着，水分不断蒸发。直至熬干卤水，结晶出盐粒。

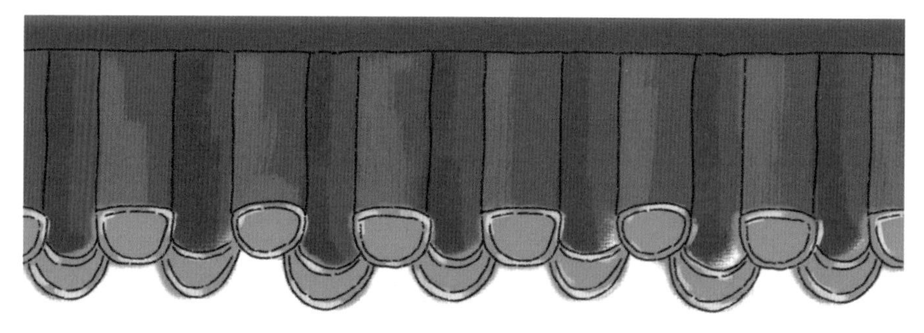

5. 装入竹筐

人们把煮好后的盐用铁锹装入竹筐中。

6. 标注盐工号

将盐装入竹筐后，用小铁铲铲平表面，在上面用小铁铲标记上盐工的编号，方便统计。

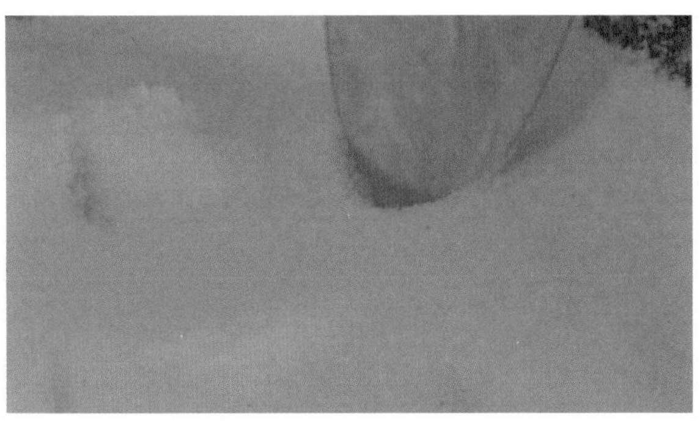

7. 成型

盐成型后，就可以进行售卖了。

盐打起了盐帮菜

自贡因盐而盛，古来商贾云集、富甲一方。

清朝时，“千年盐都”四川自贡吸引了来自各地的投资者、经营者、劳动者。不同地域和层面的饮食嗜好、饮食文化交融，在自贡逐步形成了独具风味的盐帮菜。

盐帮菜是川菜的一个流派，讲究调味，味道注重厚、重、丰，分为盐商菜、盐工菜、会馆菜三大支系。

劳动人民用汗水打起了盐，也用勤劳智慧孕育出了水煮牛肉、粉蒸牛肉、火边子牛肉等经典的盐帮菜。

在自贡，提卤水的动力一般都是牛。传说，清朝乾隆年间，自贡暴发了一场牛瘟，死了很多牛。盐商为了挽回损失，把死牛当工钱抵给盐工。当时没有冰箱冷藏，牛肉不好存放。盐工们就把不成整块的牛肉切成小块，放在卤水缸里用盐水腌制保存。将上等牛肉切成薄片，放上适量食盐，晾干，之后像熏腊肉一样，放在火边用微火熏烤。这样不仅便于储存，而且味道鲜美，也因此得名“火边子牛肉”。

烤好的火边子牛肉

卤水点豆腐 一物降一物

制盐的天车是四川的标志性建筑，豆腐则是四川的标志性美食之一。

传统意义上，中国豆腐分南北：北方地区习惯用卤水做凝固剂，做出的豆腐粗糙有韧性，叫北豆腐；南方地区则多使用石膏，做出的豆腐软嫩易碎，叫南豆腐。

四川本属于南方区域，但当地盐矿丰富，自古用的是当地的卤水点豆腐。

卤水即盐卤。盐卤主要含氯化钠、氯化钾、氯化镁等，它能使分散的蛋白质团粒很快地聚集到一块，形成豆腐。俗语说，卤水点豆腐，一物降一物。某种事物专门制服另一种事物，都存在独特的自然规律。就像聪明的先民，利用盐卤制作豆腐。

卤水做出来的豆腐香滑白嫩、味正醇香。四川豆制品也因此颇负盛名，比如富顺豆花饭、荣县花生浑浆豆花、成都麻婆豆腐、乐山西坝豆腐、川西剑门豆腐等都是令人赞不绝口的美味。民间甚至有传言：四川豆腐甲天下。

豆花、蘸水

四川的特色早餐 豆花饭

一套热腾腾的豆花饭是很多自贡人习惯的早餐，物美价廉，开胃又下饭。

豆花饭看似很简单，就是一碗水嫩的豆花，加上一小碟蘸水、一碗米饭而已。

豆花是介于豆腐成品与豆浆之间的一种黄豆制品。豆花美味的秘诀是制作的卤水。卤水点的豆花品质最为上乘，口感弹嫩，表面粗糙，便于吸附更多蘸料。

液体豆浆煮开后，一手持卤水瓶，均匀洒下卤水，另一手用漏勺不断轻拨豆浆，让卤水能上下散开。在卤水里的氯化镁的作用下，液体的豆浆变得黏稠。随后，用筲箕之类的弧形器皿，不断轻压豆花，使其凝固成形，又不过分紧致。随后就可盛入大锅温煮，随吃随舀。

豆花饭是卤水制作的代表性食物。在四川人的心中，这是一种最普通不过的早餐，小小的一碗，却能保证一天的能量。

豆花饭

盐来油往

一条古道连接两地生活

四川的盐除了在本省销售，还销往外地。为了运输川盐，先辈们开凿一条条险峻的盐道，有陆路，有水路，连接了许多城镇与村落。

贵州自古不产盐，都靠外省供给。川盐、滇盐、粤盐、淮盐进入贵州进行销售，其中川盐最多。

贵州省的湄潭、余庆、遵义、独山、铜仁等 19 市、

乌江

县的食盐，必须通过涪陵（1998 年四川省涪陵市并入重庆市，成为涪陵区）经乌江转运，因而被划为“黔涪边岸”。

明朝，贵州思南成为乌江沿岸的交通中转站。在过去，思南盛产的桐油销往涪陵，到涪陵后换上盐巴再回到思南。因此，乌江航道又称为盐油古道。

乌江上的传唱 盐道精神的传承

自古以来，因为乌江航道狭窄、滩多浪急，人们视乌江航道为畏途。上水至思南，下水至涪陵。装着桐油或盐巴的货船，轻则二三十吨，重则五六十吨，当货船逆流而上时，必须靠人力，货船才能够继续前行。

到了相对平缓的水域，为了节省人力，纤夫们会根据不同的地形，巧妙地使用钩杆，借力于凹凸不平的崖壁，一拉一推，既让货船与崖壁保持安全的距离，同时又保证货船平稳前行。

从思南到涪陵的水路，全程 349 千米。一来一去，至少要花上半个月，纤夫们吃住都在船上，唱号子成为他们解乏的唯一方式。

千百年来，他们以仁义为本、坚韧不拔作为“盐道精神”，运输着人们紧需的盐和油。

不方便行驶的地方，靠纤夫拉船前行

不方便行驶的地方，靠纤夫拉船前行

乌江上运盐的船，纤夫们合力划船

钩杆推崖壁，让运盐货船平稳前行

周家盐号

千里乌江盐运史上的重要见证

思南地处乌江黄金水段，作为乌江盐运的重镇，码头舟楫往来、商旅辐辏。县内盐号林立，盐商们在这里创造了巨大的财富，也创造了乌江盐运百年的繁荣历史。如今乌江盐运早已烟消云散，唯有一座周家盐号，即周和顺盐号，完好地保存了旧时的风貌，见证了乌江盐运史、思南县明清时期商贸昌盛的历史。

周家盐号坐落在乌江河畔西岸，由盐商周镐璜于清朝道光年间修建。建筑整体坐西向东，木质结构，融住家和盐号为一体，是一个封闭式的四合院，由对厅、两厢、正房、厨房、盐仓、花园等构成，精巧细致，可见盐商财力雄厚。

周家盐号

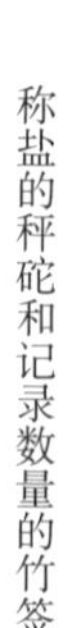

称盐的秤砣和记录数量的竹签

周家盐号内部的房屋建筑和装饰

油炸好的乌江酸鱼

煎炸过的腌鱼

让人胃口大开的酸鱼

名副其实的长途美食
思南酸鱼

中国有句古谚“小雪腌菜，大雪腌肉”，意思是小雪节气时用盐腌各种菜，大雪时节用盐腌各种肉。早在 4000 多年前的夏朝，人们就用盐做出了风味独特的美食——腌咸鱼。

思南县因乌江盐运而兴盛。拉船的纤夫往往几个月不能回家，为了携带能够长期保存的食物，制作许多腌制食品，乌江酸鱼是其中的佼佼者，也是待客佳肴。

将鲜活的鲤鱼从背部剖开，清水洗净，淋上高度白酒去腥消毒，用盐等调味腌制。鱼上放橙子叶，增加酸味和香味。腌制时间越久越好，腌制好的酸鱼不用加任何调料，直接放入油锅中，煎炸至金黄色，即可出锅食用。

如今，木船航运的时代已经过去，但酸鱼却传承下来，成为当地独特的风味。

黑井

被盐『腌制』的村庄 藏着千年不老的传说

黑井镇

除了四川自贡，云南自古也是产井盐地区。

黑井镇位于恐龙之乡云南省楚雄彝族自治州禄丰县，坐落在大山深处的龙川江河谷，依山伴江，是一个彝汉混居的村落。

关于黑井名称的来历有一个传说。据《黑盐井志》记载，“土人李阿召牧牛山间，一牛倍肥泽，后失牛，因迹之，至井处，牛舔地出盐，后牛入井，化为石。”村里人李阿召有头黑牛特别壮，某天他在山间放牛，不小心把牛丢了。他沿着牛脚印找到黑牛时，牛正在舔地上的水。李阿召看着白花花的水，用手蘸取尝了尝，非常咸，发现是卤水，于是告诉村民们，自此人们都来取卤水制盐。此处久挖成井，为纪念这头黑牛的功绩，称此地为“黑牛盐井”，后称“黑井”，黑井镇也因此得名。

黑井镇的盐池

古法制盐作坊

古盐井

晒卤台

因盐而兴盛的黑井镇

黑井镇是云南产井盐最多的地区，因盐而兴，也有“千年盐都”之称。汉代开始萌芽，唐代这里掘池汲卤，用釜煎盐，元代大量开采，明清盐业到达鼎盛，盐税占到云南盐税的64%。

镇里保留着一座古法制盐的作坊，有古盐井、古盐棚、古卤水池、古晒盐台、古法制盐、盐马古道等古盐文化历史遗迹，素有“明清盐文化博物馆”和“明清社会活化石”之称。

走盐马茶道 感受盐文化

在传统的茶马古道上，除了茶叶、马匹等，还有最重要的物资——盐，所以这条商贸通道又被称为“盐马古道”“西南丝绸之路”。

云南的黑井盐、诺邓井盐等因其盐质优良、味道纯正而远近闻名，成为重要商品。许多盐商甚至加价竞争收购，因此还形成一条以盐为主的特殊古道——盐马茶道。

“万驮盐巴千石米，行商坐贾交流密。百货流通十土奇，铓铃时鸣驿道里。”这首诗至今还流传在云南，展现了明清时期云南盐业的繁荣景象。

这些古老的盐道，不仅深刻影响了沿途多地的经济格局，也串联起数千年的文化交流。

如今，虽不见驮运的盐帮，但结伴走在富有历史韵味的古道上，似乎仍能跟随风中的盐味一起重温盐马古道历史，倾听盐业故事！

茶马古道是连接云南、四川等传统茶叶产区，以马帮等载体运输茶叶等物品到藏区换取皮毛、酥油、马匹等产品的交通运输网络。

茶马古道上运盐

马背上背着黑井盐

曾经的茶马古道

女人制作的『婆娘盐』

盐井是每一条盐马古道的源头。拥有盐井的黑井镇是盐马古道的必经之路，镇里男子长期离家运货，生死未卜，很多女人被迫守活寡。为了生存，女人们晚上开始制盐。

虽然制盐是重体力活，自古是男人的职业，不适合女人做，但女人们总能想出办法。

黑井镇的挑卤工为了额外收入，瞒着官府或东家，悄悄运走一些卤水，低价转卖给女人们。晚上，女人们在自家的灶台用饭锅偷偷熬盐。盐熬出来以

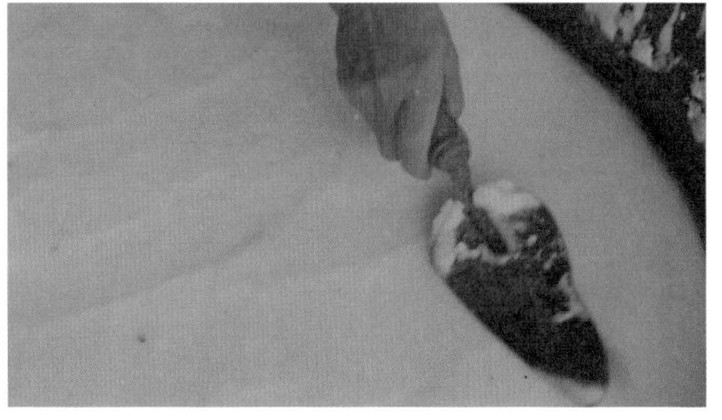

黑井镇妇女晚上偷偷熬盐

后呈锅形，因为由女人制作，所以这种盐也称为“婆娘盐”。

深夜，为了出城贩盐，摆脱缉私队的盘查，女人们往往把盐巴绑在肚子上，装扮成孕妇。为了把盐运到昆明去卖，往往要走六七天，期间她们不敢住店，怕官府盘查，只得选择从险要无路的地方走，风餐露宿，跋山涉水，甚至面临摔死、淹死的风险。

如今，黑井镇的女人们不再以盐谋生，可以选择外出打工，或者与老人、孩子在家乡种地、放牧。

古法煮盐的盐灶

在盐上刻字

大火烘烤盐块

做好的黑井盐

黑井盐制作的盐工艺品

体验古法制盐

现在，古法制盐是黑井镇游览中最有特色的体验。

用小锅熬煮卤水，制出白花花的盐。盐装在小平锅中，在平整光滑的盐粒表面刻上属于自己的汉字，再用大火持续烘烤，晾干成型后，再包上盖着官印的红绸子。这种清末民初的黑井盐生产手法，颇受游客的青睐。

当地人还用清水、食盐，加上食用色素，制成不同款式的工艺品在夜市上售卖。

盐焗鸡和盐焖鸡有着异曲同工之妙

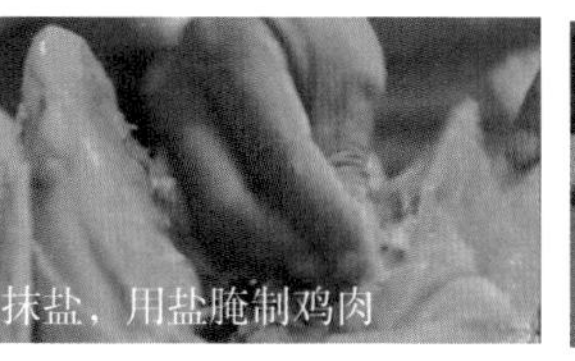
抹盐，用盐腌制鸡肉

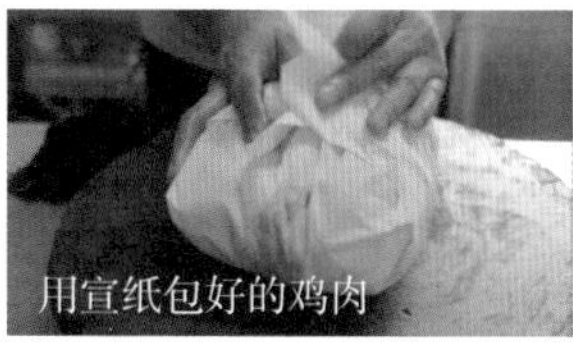
用宣纸包好的鸡肉

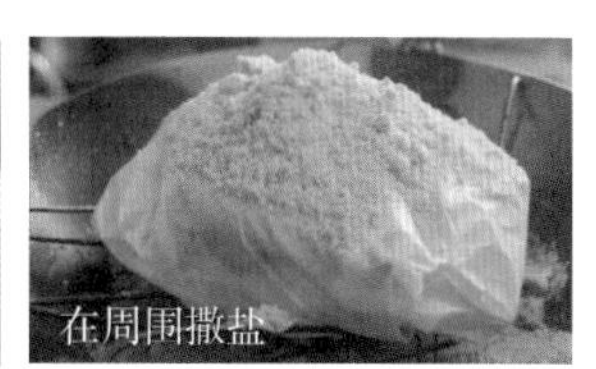
在周围撒盐

鸡肉被盐全部盖住

炙烤鸡肉，盐焗鸡制作中

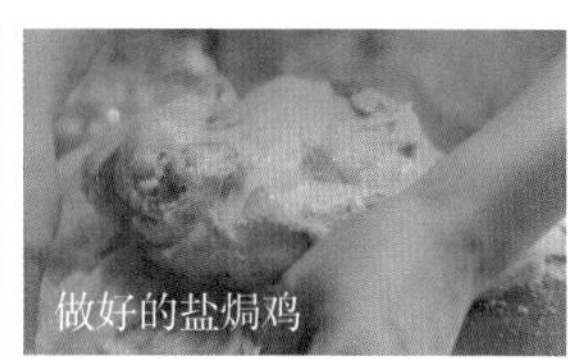
做好的盐焗鸡

成就风味独特的美味——盐焖鸡 一锅盐

海盐粒粗味杂，更适合于腌制或者炖菜。井盐相比较于海盐，更洁白味美，适合于精工细作的炒菜。特别是宋代以后，中国老百姓开始普及炒菜，井盐更是大受欢迎。

据《云南记》记载，黑井盐质量高、味道纯正、渗透力强，因而成为南诏王族独享的调味品。

黑井盐做的焖菜系列至今已有700多年的历史。焖菜中最特别的是盐焖鸡。因为制作这道菜要耗费很多盐，几乎要用一锅，过去只有在官员、盐商、灶户们接待贵客和举行重大节庆时才享用。

用柔软宣纸包裹腌制过的土鸡，再放进厚厚的盐堆中进行炙烤。做好的盐焖鸡外观呈现诱人的金黄色，骨酥皮脆，肉质嫩滑，咸香扑鼻。

千年后的黑井没有了昔日的喧嚣繁华，但美食盐焖鸡却在时光中延续了下来，沉淀出一份属于千年盐都特有的味道。

一口盐井 造就了山村繁华

诺邓村，地处云南省大理白族自治州云龙县云龙镇，不仅是白族早期的商业中心，也是滇西北年代最久远的村落之一，距今有一千多年历史，被称为“千年白族村”。

而山下的诺邓盐井年代更加久远，最早开凿于西汉时期，已经存在了两千多年。唐代，诺邓村因盐井而兴盛。唐代《蛮书》中记载：“剑川有细诺邓井。”古老的盐井因年盛产百万斤优质食盐，名震国内外，

诺邓古村制成的盐

祭祀龙王

卤房里熬盐

模具

盐工艺品

与国内的滇西、国外的缅甸等都有贸易往来，带动了村落经济发展。

如今，诺邓村古老的盐井还在产出卤水，村民制成盐后自己吃或用模具把盐制成各种形状、颜色的盐工艺品。

按照中国传统习俗，祭祀龙王是为了祈求下雨，而在诺邓村，祭祀龙王是为了祈求不下雨。

因为雨水多，地下水就淡，井里的卤水就淡，制盐的成本就高。所以，这里的龙王被称为喜旱不喜雨的“卤水龙王”，村民每年都会举行祭祀龙王大典。

诺邓火腿的风味密码

诺邓井盐

盐是火腿能够独当一面的风味密码。

每一条火腿上都充斥着古老的咸鲜，蕴藏着肉与盐的交响曲。

早在唐代，人们就把猪腿肉用盐腌制后保存，不仅保质期变长，而且肉色红似火，口味鲜美，取名“火腿”。

云南有三大著名火腿：宣威火腿、鹤庆圆腿和诺邓火腿。其中诺邓村生产的火腿，不只是制作工艺独

阴干晾晒的诺邓火腿

特，而且还有两个特殊条件。

第一，诺邓村环境气候特殊，冬无严寒，夏无酷暑，腌制后的火腿有很长的阴干晾挂时间，可谓是“隔年火腿”，有的甚至 3 ～ 5 年之后还能生吃。

第二，因为用了很多盐，大多数的火腿都偏咸，而诺邓火腿却咸淡适中、鲜而回甜，这是因为用诺邓卤水熬出的盐含钾丰富，没有碘盐的咸苦味。

切开的诺邓火腿

盐

阳光与风的佳作

出于对盐的需求，人类不仅要寻找宝贵的盐湖、盐池、盐井，还会奔向大海。

中国有较长的海岸线，浩瀚的海洋资源丰富，其中蕴藏着丰富的海盐资源。

与熬煮不同，还有一种制盐方法叫日晒法，也叫“滩晒法”，就是利用滨海滩涂，筑坝开辟盐田，任由阳光晒，但凭风吹干，水尽而盐成，这盐是人力与卤水的结晶，也是风与阳光的作品。

洋浦盐田通过纳潮，吸引海水灌入盐田，澜沧江沿岸的人们则开山凿井，从岩层深处取含盐卤水，倒入盐田，经过日照、风吹，蒸发变成卤水，析出盐。

海水与岩石的千年绝美交织

海南省儋州市洋浦半岛的洋浦盐田生产的是海盐，但它的制作过程却并非煮海水制盐，而是充分利用了当地优越的自然条件，比如充足的阳光与得天独厚的玄武岩，形成独具特色的晒盐。

走进盐田村，会看到这里三面环海，和一个个大小不一、砚台一样的石盐槽，它们不规则地密布在海岸边。它们就是几万年前火山熔岩塑造成的黑色玄武岩石槽，坚硬、经久耐用，可以吸收更多热量，多孔则有利于渗水、析盐。北宋时期，当地人利用玄武岩作为盐槽，创造出别具特色的日光晒盐技艺。

目前仍有 1000 多个形态各异、保存完好的砚式盐槽在使用，犹如海南人智慧的赞歌仍在传唱。

洋浦半岛古盐岛

晒盐的黑色玄武岩石槽

洋浦盐田 朝水夕钱

洋浦盐田位于洋浦半岛，是中国现存最早、保留最完好的原始日晒制盐方式古盐场。

这里气候温和、光照充足，有大片平坦的地方。当地人们把时间交给日照，自然的力量一点点地将卤水蒸发，晒出盐粒。“洋浦盐田，朝水夕钱”，这是当地流传了千年的古谚，意思是洋浦古盐田，早上在

结晶析出的粗盐颗粒

盐槽上倒入卤水，晚上即可收盐换钱。

当地人发明了“五步日晒制盐法”，既节省了煮海水制盐消耗的人力和燃料，降低了成本，又大大地提高了产量。2008 年，洋浦盐田的海盐晒制技艺入选第二批国家级非遗名录。

海南儋州洋浦古盐田

古法晒盐主要步骤

洋浦半岛古法晒盐主要有五个步骤。

1. 纳潮

当地海岸是由石英沙和火山岩风化沙构成，这种泥沙在涨潮时可以吸收大量盐分，潮退后又易晒干。每当海边涨潮时，大潮涌来，盐田里的泥沙就隐身于潮水中，充分吸收海水的盐分，成为盐泥。

2. 晒泥

盐田表面的海水蒸发后，盐工们将盐田内的泥土翻起，经过太阳曝晒，使泥土的水分迅速蒸发，表面形成的一片白霜，就是盐分。

3. 制卤

盐工通过不断踩踏和浇水的方式，把盐分从泥土里分离出来，制成盐分很高的卤水。然后，再把这些卤水放到当地特有的黑色玄武岩凹槽里曝晒。

4. 结晶

卤水经过一天的晒制，变成雪白的盐晶。傍晚时分，盐槽银光闪闪，盐工们陆陆续续来到盐田开始收盐。

5. 收盐

盐工们用刮铁将盐槽上的盐晶刮堆成一座座小小的白山，随后将这些雪白的晶体扫入收盐筐，再将收盐筐中的湿盐倒入晾盐筐，等它自然风干。

海南洋浦 什么都能盐焗

在洋浦盐田村，盐是人们生活的中心，渗透到日常的点点滴滴。

古法晒制的海盐，被当地人称为“老盐”，白如雪，细如砂，咸中带甜，用老盐制作的盐焗菜世代相传。

盐焗菜有固定的制作方法，即用盐通过高温焖熟食物。最著名的是盐焗鸡。处理干净的鸡用油纸包裹，埋进装满海盐的砂锅中，文火加热至成熟。海盐的咸味不断渗进鸡肉中，锅下炉火渐旺时，一股浓浓的香气弥漫开来。吃起来皮酥肉嫩、盐香和肉香在口腔内交织。

不光是鸡肉，猪肚、鸭、虾等都可以用晒制的海盐做成盐焗菜。

盐焗鸡

盐焗虾

盐架子撑起来的芒康盐田

从上空看海拔 2300 米的澜沧江河谷，会发现一些奇怪的建筑。它们依山而建，远远看去像是楼房，走近了看却像是长廊。这就是西藏自治区芒康县盐井纳西民族乡的芒康晒盐场。了解当地风土的人知道，这其实都是晒盐用的盐架子。一根根柱子支撑起来的平台上就是一块块的盐田（又称盐池）。绵延 1.5 千米的澜沧江两岸，分布着 3000 多个这样的晒盐架和 50 多口盐泉。

芒康盐田

芒康县没有大面积的耕地来种植粮食，也没有开阔的牧场养殖牲畜，这些盐架子支撑了这里千年的辉煌。因当地位置优越，处于滇、川、藏的交界处，是茶马古道上的重要驿站，人们靠运盐、卖盐交换物资。

江边的卤水井

背卤水

把卤水倒入盐田

江边的卤水井与盐田

原始手工晒盐风景线

芒康盐井所处的位置具有奇异的地理和气候因素。这一带属于地壳上升强烈的地带，岩层受到来自东西方向剧烈的挤压，形成褶皱带和大断层，沿断裂带露出的温泉水溶解着含盐地层，富含盐的卤水源源不断喷涌而出。这里属于热河谷地带，高原温带半湿润季风性气候，气候干燥、光照充足、气温高，沿着澜沧江通道南来的大风强劲，能迅速地将盐水晾干。凭借优越的地理条件，早在唐朝时期，芒康盐井就有晒盐的历史。

芒康盐井是中国唯一保持完整最原始手工晒盐方式的地方。每天早晨女人们背着桶、挑着担子到江边的卤水井取卤水，再挑到半山腰，倒在盐田里。

所以，有人说芒康盐井是女人、阳光与风的杰作。

上天的恩赐
『桃红雪白』的绝唱

尽管同取一江之水，澜沧江两岸的盐田却泾渭分明地出现红、白两色。西岸的加达村盐田是红色，东岸上下盐井村的盐田却是白色，因此分别被称为红盐井和白盐井。这种看似神秘的现象源于澜沧江两岸土质的不同——东岸的土壤含有细沙，呈白色，所以产白盐；西岸土壤属于山地褐土，所以产红盐。

每年的 3 月至 5 月是晒盐的黄金季节，不但阳光明媚，掠过河谷的风也非常强劲，很容易出盐，这

芒康白盐

芒康红盐

时盐的品质是最好的。因为此时也正是澜沧江两岸桃花陆续开放的时节，这些在“桃花月”晒出的盐也被称为“桃花盐”。

桃花盐是当地做酥油茶的灵魂。新鲜的牛奶和酥油一起搅拌，加上茶叶熬煮，再放入桃花盐调味，口味上乘的酥油茶就诞生了。

收盐

盐

盐商之城，富甲天下

盐是自然的造物，更是城市的基石。

历史上，中国东部临海区域产海盐，中部多池盐，西南多井盐。凭借自身拥有盐池、盐井等盐业资源而兴起的城镇颇多，比如上文提到的山西运城市、四川自贡市、云南黑井镇、西藏芒康县、宁夏盐池县等，这些地方都因为产盐而得以建城和发展，并得到当权者的器重。

一些辖江临海，扼淮控湖的江苏省的城市也因为产盐或运盐而变得兴盛，甚至成为富甲天下的城市。

江苏省盐城市便是被盐孕育出来的典型代表。作为江苏省面积最大、海岸线最长的地级市，夏商时期，当地先民们采取煮海为盐之法，直接煎炼海水为盐，后来晒盐。唐朝时期，盐城境内盐产量达百余万石，非常兴盛。

有一些城市自身并不产盐，却因盐而繁盛一时。江苏省扬州市，作为中国古代海盐的集散中心，在古代盐业经济中占据了重要的历史地位，一度成为经济最为发达的城市。

中国古代海盐的集散中心

扬州

扬州本身并不产盐，但盐对这里的繁荣起了决定性的作用。

宋朝之后，国家经济重心南移，江苏省扬州市聚集了全国四面八方的商人，其中包括盐商。

扬州位于两淮之间。两淮靠海，多盐湖、盐池，分布着淮北和淮南两大产盐区。史书记载：“自古煮盐之利，重于东南，而两淮为最。”两淮所产的盐，都由水路经过扬州，销往各地。

扬州身居长江、淮河两大水系之间，是全国唯一处在两大流域交汇点的城市，盐运河、京杭大运河穿城而过，交通发达，沟通中国南北。水运之便的扬州，自然而然成为两淮盐业管理机构的驻地，全国最大的食盐集散地、食盐中转站。

今日扬州

两淮盐 天下咸

古代有“天下盐赋，两淮居半”“两淮盐，天下咸”的说法。

两淮盐场又称苏北盐场，主要分布在长江以北的黄海沿岸，由于在淮河故道入海口的南北，所以得名两淮盐场。其中在淮河以北的叫淮北盐场，在淮河以南的称淮南盐场。

两淮盐场包括大小 19 个盐场，每年产盐量巨大，近 300 万吨，是中国四大盐场之一。

其中以淮南盐场开发历史最古老，北宋以前，淮南盐场的生产规模也最大。宋代中叶后，淮北盐场产盐量大大超过淮南盐场。

这两个盐场还保留至今，继续生产白花花的食盐。目前盐场从积水、制卤、扒盐、运输、集坨、外销到盐滩维修等都实现了机械化。

机械化装盐

机械化收盐

两淮盐税 泰州居半

明代政府在扬州设两淮盐运使司衙，并在淮安、泰州设分司。

泰州古称海陵县，拥有得天独厚的地理条件，南部濒临长江，北部与盐城毗邻，东临南通，西接扬州，湖泊分布较多，除了一独立山丘外，其余均为江淮两大水系冲积平原。海滩遍布芦苇，为煮海盐提供了重要燃料。

泰州

北宋的晏殊、吕夷简、范仲淹三位政治强人，曾先后在泰州当过盐官，管理盐仓。

泰州盐税文化源远流长。俗话说，“两淮盐税，泰州居半。”唐代时全国有六大盐区，泰州为两淮之首。南宋时泰州的盐产量占全国总产量的近四分之一，是南宋最重要的盐产地。

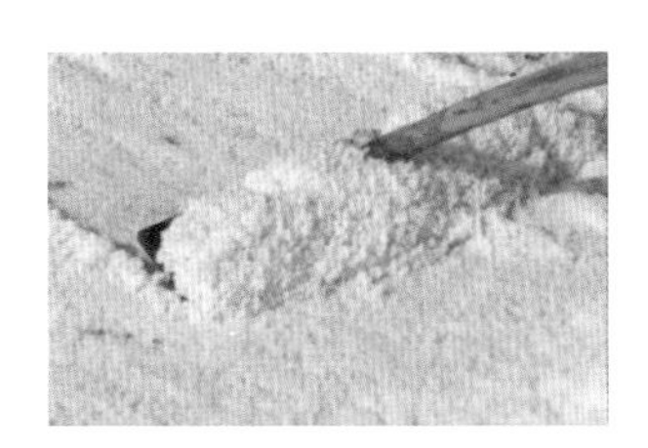

泰州收盐

盐运河
征服南北的盐

扬州，地处江淮平原南部、长江三角洲北翼，长江在其南，淮河在其北。这时候，只需要一条运河，就能连通两大水系，坐拥南北行商通货，必繁盛一时。

古人早就想到了这点。春秋末期（公元前486年），吴王夫差在扬州开凿了史料记载的最早人工运河——邗沟，连接长江与淮河两大水系，呈南北流向。

西汉，盐铁政策宽松，官府仅设官收税，汉高祖刘邦的侄子吴王刘濞见有利可图，便召集天下流民到盐城市海边煮盐。在海边丘陵之上建仓储盐。为了将煮好的盐运出去，刘濞又开挖河道，在邗沟的基础上，开挖邗沟支流，西起扬州茱萸湾，经海陵仓（今泰州境），东至如皋蟠溪、白蒲，后逐步延伸至南通九圩港，全长191千米。

煮好的盐

以盛产海盐而闻名
盐城市

盐城市位于海岸线上。西汉时，当地以提炼海盐为主要产业，当地称淮南盐场。直到现在，古老的盐场，还在为我们供盐。

盐城市煮好的盐从盐城等地集散到扬州，通过刘濞挖的人工河运输到东南六省（江苏、安徽、河南、湖北、湖南和江西）。因为该河主要运盐，所以千百年来被沿河百姓称为“运盐河”，又因为贯通扬州、

泰州、南通三市，又称“老通扬运河”。后来新开挖的一条近乎平行的运河叫“新通扬运河”。

盐城这个城市的名字由来也和产盐、运盐密切相关。运盐河形成若干河渠，贯串各个盐场以便运盐，称为串场河。水渠称“渎”，所以这里被称为“盐渎”。东晋，盐渎县改名盐城县，“盐城”使用至今，现在是盐城市。

“渎”指水沟，小渠，亦泛指河川。

盐城盐田

扬州的兴盛离不开运盐的京杭大运河

公元前 486 年，扬州开始建城，至今已有 2500 多年的历史。

扬州的兴盛得益于大运河。隋炀帝在已有天然河道和运盐河基础上，大幅度扩修开凿了贯通南北的大运河。南起余杭（今杭州），北到涿郡（今北京），连通海河、黄河、淮河、长江、钱塘江五大水系。

大运河不只有隋朝修建，唐、后周、北宋、元、

京杭大运河扬州段

明、清等朝代也有整治或整修。元朝时，因都城在大都（今北京），所需食盐、粮草等要通过漕运和海运从南方运来。为了提高效率，便对运河裁弯取直。促进了中国南北方之间的经济、文化、政治、军事等交流，堪称绵延不断、流动的中华文明的展示长廊。

京杭大运河是世界上里程最长、工程最大的古代运河，是中国古代劳动人民创造的伟大工程。尽管现在的大运河已没有之前的繁华，但使用至今，仍然掩藏不住大运河顽强的生命力和恢宏的气势。

个园

靠盐堆起的扬州园林

当时，长江中下游所产粮食及税收贡赋等，先从扬州集散，经由京杭大运河北上。两淮盐场所产淮盐，也在扬州集散，销往长江中上游。

扬州，因此富庶一方。盐商们开始“斗富”，不遗余力地争相修筑他们的府邸，扬州园林也因此名扬天下。

清代，盐商的园林已成为扬州的文化标签。清代戏曲作家李斗在《扬州画舫录》中记载：“杭州以湖山胜，苏州以市肆胜，扬州以园亭胜，三者鼎峙，不分轩轾。”

其中瘦西湖、个园更是将扬州园林景观特色呈现得恰到好处。个园是扬州最大的盐商园林，细节精致，布局巧妙，到过这里的人们无不惊叹当年盐商大贾们富可敌国的经济实力。

个园风景

乾隆帝与扬州盐商的友谊

明清时期，扬州盐商所贡献的税款占据了朝廷国库收入的四分之一，所以皇帝自然是非常重视扬州这个地方，也看重与扬州盐商的关系。

在扬州盐商的鼎盛时期，风头最盛的扬州园林当属康山草堂，大盐商江春的宅邸。

1751 年，即乾隆十六年，乾隆皇帝第一次南巡。

康山草堂

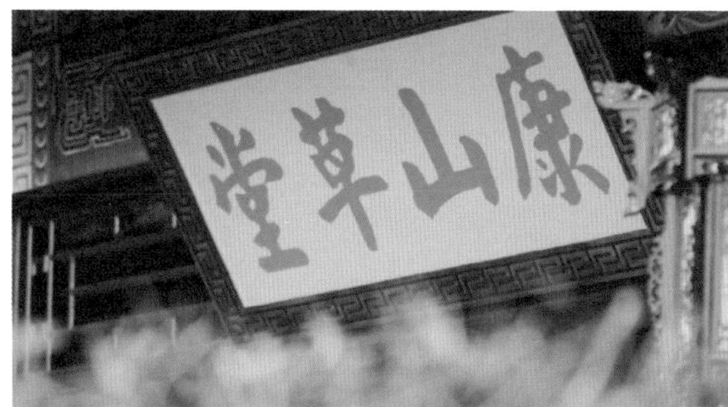

扬州的盐商们开始紧张筹备，康山草堂更是一片忙碌。

按照行程安排，这次南巡的第一站就是扬州。除了美景，这里也是清政府收入的重要来源。盐能催生出富可敌国的盐商阶层，更能给国家带来财富。明清时期，茶、盐、丝绸、漕运等是国家的经济命脉，国家财政收入里有四分之一是来自盐业，而盐业收入又有一半是来自扬州。

扬州瘦西湖

扬州盐商到底有多富

乾隆皇帝共六次下江南，都接见过当时的“八大盐商”，由扬州盐商兼两淮总商江春接待。

1765年，即乾隆三十年时，皇帝第四次南巡，扬州盐商兼两淮总商江春筹资为皇帝修建行宫，又修葺大虹园（今瘦西湖），供其玩赏。总共花费了几十万两白银，可见盐商的富庶。

瘦西湖里最著名的是白塔。据说，当年乾隆皇帝游览瘦西湖时，曾说这里像北海的琼岛春阴，可惜少了座白塔。盐商江春知道后，为了获得荣誉和权力，一夜之间修建了一座白塔。乾隆游湖，曾感叹：“盐商之财力伟哉！”

扬州盐商的财富实力，令皇帝都为之感叹。

扬州瘦西湖白塔

清代扬州八大盐商：

江春、黄均泰、马曰琯、马曰璐、程之韺、汪应庚、黄至筠、鲍志道。

扬州盐宗庙 见证盐业兴旺史

有人说，扬州是盐堆起的城市。为了感激天赐的财富，扬州盐商筹资修建了盐宗庙。

盐宗庙位于古运河畔的康山街，始建于同治十二年（1873 年），这是中国南方，也是两淮盐区的第一座盐宗庙。

里面供奉了夙沙氏、胶鬲、管仲三位盐业始祖，是扬州盐商举行祭祀仪礼的重要场所。

虽然盐宗庙经历了一百五十年的沧桑，但祠堂内构架、梁、枋、桁上遗存的彩绘至今仍绚丽多彩，也有部分由红、黄、绿、青白、黑组成的彩绘显得沉稳庄穆。祠堂内的《两淮煮海为盐图说》贴金漆画，描绘了煮盐的过程。

如今，人们在这里既可领略扬州盐商辉煌又精巧的建筑风格，又能体味盐商丰富的文化，感受盐业的独特文化魅力。2014 年，盐宗庙作为大运河的遗产点被列入世界文化遗产名录。

盐宗庙内《两淮煮海为盐图说》贴金漆画

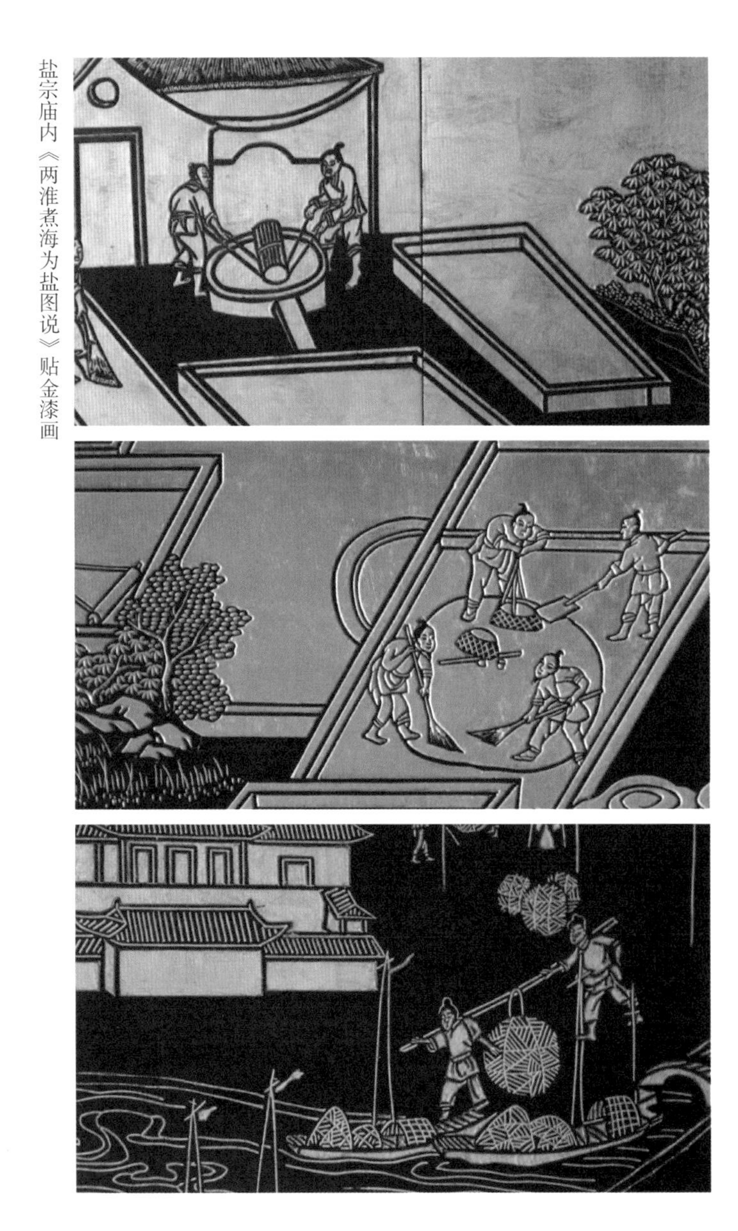

盐宗庙内《两淮煮海为盐图说》贴金漆画

扬州盐商催生的淮扬菜

盐不仅成就了两淮盐商的鼎盛，造就了扬州的繁荣，也成就了传统四大菜系之一的淮扬菜。

淮扬菜以本味本色为主，味淡偏甜，看似与盐无关，但又与盐紧密相关。

象征财富的盐，使两淮聚集各地的人，因为各地口味不同，“包容”成为淮扬菜的一大特色。既有南方菜的鲜、脆、嫩，又有北方菜的咸、色、浓，形成了甜咸适中、咸中微甜的淮扬菜。名菜大煮干丝用的白豆干，原名“徽干”，据说就是明末清初由安徽人带来的。

富甲一方的扬州盐商，在“吃”上也非常注重。餐桌上的吃食讲究珍稀、精致，催生出清炖蟹粉狮子头、大煮干丝、水晶肴肉等特色菜。

大煮干丝

湖鸭

寻找南京老味道
盐水鸭

一方水土养育一方人，孕育了不同的饮食喜好。南京地处江南水乡，雨水充沛，河流网织，非常适合鸭子生长。人们养鸭、吃鸭由来已久。据《吴地记》记载：“吴王筑城以养鸭，周数百里。”可见，早在春秋时期，南京就有了筑地养鸭的传统。

“无鸭不成席”“没有一只鸭子能活着走出南京”等说法，看似玩笑，却反映出了当地人对鸭子的喜爱。

南京市紧挨扬州，从古至今不缺盐，当地人在吃盐上下的功夫也不少，其中一道美味就是盐水鸭，将当地的鸭与珍贵的盐融合，久负盛名。

湖鸭

盐水鸭

制作盐水鸭的关键 卤汤

经久流传，盐水鸭至今已有 2500 多年制作历史。

选取当年的湖鸭，佐以盐、醋、大葱、姜块、八角、花椒等，经腌制、浸渍、焖烧等工艺烹制而成。

为保证味道鲜香，厨师会用炒热的花椒盐擦遍鸭身，腌制透。浸渍的关键在于调制卤汤，最好用上了年头的老卤，卤子越老，味道越醇厚。浸泡鸭子时，要将鸭腔内灌满卤汤，保证内外口味统一。最后上火焖熟，煮熟的盐水鸭需要等冷却后再切块食用。

切开后的盐水鸭皮酥肉嫩，入口肥而不腻、咸香味美，征服了无数食客的胃。

盐

百味之王，腌制美食

盐是烹饪中不可或缺的调味品，古人更将盐视为“百味之祖”“食肴之将”。

开门七件事，“柴米油盐酱醋茶”。咸咸的盐早在商代就被当作饮食中的主要调味品。《尚书》中记载：“若作和羹，尔惟盐梅。”战国时期的《吕氏春秋》中也有“调合之事，必以甘酸苦辛咸”的论述，点明咸味在烹饪中的重要性。

盐不仅是调味剂，在没有冰箱的古代，还充当保鲜剂，突破了时间和气候的限制。通过腌制、发酵，保留最原始的鲜咸或增进了食物的风味，创造了五花八门的盐系美食，流传至今。

腌制食物的美味是中国饮食文化的一道靓丽风景，展现了中华民族智慧的结晶，是中华儿女勤俭节约的伟大创造。

不可一日无盐

人不吃盐行不行？当然不行。

宋代文学家、美食家苏东坡曾说：“岂是闻韶解忘味，尔来三月食无盐。”吃饭时菜里如果不放点盐，即使山珍海味也味同嚼蜡。对于很多人来说，也许宁可食无肉，也不可食无盐！说明了盐在食物中的重要性。

食盐不仅能带给人们味蕾上的美妙体验，还是生

羊舔盐山上的含食盐的石块

命中必不可少的物质。它能滋养我们的身体，使我们身强体健。

食盐中含有氯化钠、碘、钙以及微量元素等，能够维持体内的电解质平衡；能杀菌，进入胃里形成胃酸，帮助消化；吸收水分，控制身体水分含量；为人体运输营养物质。

动物对食盐的需要也绝不亚于人类。山羊不惧艰险地爬上几乎笔直的山崖，舔食结晶的岩石或土块。后来古人明白那些不是普通的石头和土块，它们带有盐，“羝羊舐土”的现象就指这件事情。

菠萝加点盐，越吃越甜

咸吃水果 越吃越甜

人们常说："要想甜，加点盐。"这不只是一句顺口溜，研究证明，真如话里所说，人的味觉有一个特殊的效应——对比效应，能用一种味觉来增强另一种味觉。盐还能促使水果的细胞加速脱水，从而流出更多汁液，果肉中水分减少，糖分和氨基酸集中，甜度自然升高。

咸吃水果的种类很丰富。比如，广西人在吃水果时会加点椒盐，海南人也会在水果盘边摆一碟细盐，或椒盐，或一盆盐水。

切块的菠萝拌上盐，一口甜，一口咸，各种味道在口腔碰撞、溶解，刺激着味蕾，越吃越上瘾。还因为菠萝中含有菠萝蛋白酶，直接食用口腔可能会感觉灼烧感、刺痛感，这时候需要使用盐水对菠萝进行浸泡，这样菠萝吃起来更香甜可口。

古人也用盐作为水果的佐料。唐朝李白曾作诗"玉盘杨梅为君设，吴盐如花皎白雪"，就是说把杨梅装在精致的玉盘里，撒了吴盐来吃。北宋周邦彦曾云："并刀如水，吴盐胜雪，纤手破新橙。"美味的橙子，用并州（今山西太原一带）所产的锋利小刀破开，果肉晶莹剔透，抹上吴盐，可咸可甜。

老盐柠檬水

时令水果造就独特老盐风味饮品

盐，不仅能放在饭菜里，饮品里也经常流淌着它的身影。

喜欢浓油赤酱口味的上海人，盐摄入量也很高。他们把盐与汽水结合，创造出盐汽水。

1956 年，上海正广和盐汽水成为历史上第一瓶盐汽水。

炎炎夏日，劳作和运动以后，打开一瓶盐汽水，白气从瓶口冒出，咕噜咕噜灌下去，清凉解暑，感觉又补充了能量，保持人体电解质平衡。盐汽水一度成为当时高温作业工人最欢迎的饮料之一。

无独有偶，在饮料里加盐也是海南人的习惯。

海南盛产水果，在追求新鲜感的路上，意外造就了一种独特的老盐风味饮品。所谓老盐一般指存放已满三十年的粗盐，又称战备盐。

柠檬、菠萝、西瓜、杧果等当季时令水果都可以成为一杯“老盐”饮品的主角。

在饮料里加入老盐，不仅激发了水果的鲜甜，缓解糖分过多带来的甜腻感，口感直接升了一个等级，还可以在炎炎夏日补充身体流失的电解质，唤醒身体能量。

在海南街头的饮品店，随处可见老盐系列饮品。而在一众老盐系列水果茶中，老盐柠檬水排第一当之无愧！

盐与时间 封存的味道

在中国海南、云南、广东等南方地区，用海盐腌制后的青柠檬，是烹饪海鲜、炖汤的上乘调味品。

青柠檬是柠檬的一种。人们一般会在中秋后，选用新鲜的青柠檬，用海盐轻轻揉搓表皮，用清水冲洗干净后晒干，再放入罐子里加海盐腌制起来。一斤青柠檬最少需要三两海盐。

经过时间和海盐磨炼的柠檬，褪去了青涩的味道，开始释放出柠檬的陈香。

一般都是两年半以上才会开坛，南方人称之为“陈酿果”。当然存放越久，味道越香醇。

潮菜著名的汤水“咸柠老鸭汤”在炖煮时就放了腌制好的青柠檬。柠檬沁人心脾的清香，瞬间惊醒味蕾，汤水有了盐与时光的味道，更香、更醇。

腌制好的柠檬放入汤水中，不止芳香扑鼻，还有药膳作用。据《纲目拾遗》《粤语》记载：以盐腌柠檬，岁久色黑，可治痰炎，下气和胃。

新鲜的青柠檬

正在腌制的虾酱

码头文化催生重口味

天津因为靠海，盐业和漕运成为当地的两大经济支柱。

天津人的观念更是“咸则鲜”，熘鱼片、烩虾仁、独面筋等天津菜都离不开“咸”的滋味。

这种吃法要归功于辛勤的劳动人民。据说，天津人爱吃咸与盐业、漕运息息相关。码头工人每日劳作，在干活时汗流浃背，热量消耗得很快，且容易流失盐分，所以想到“盐补”，在吃的饭菜里加盐。

天津人独爱的虾酱也是满满的咸香味。以小虾为原料，加入盐发酵后细磨成黏稠状的虾酱。对天津人来说，虾酱炒鸡蛋、虾酱贴饽饽等用咸咸的虾酱制作的美食非常亲切。

生腌蟹钳

潮汕 看见什么腌什么

有人评价：给潮汕人一把盐，他能给你腌了整个海鲜界。

潮汕地处沿海，海盐和海产品异常丰富。虽然潮汕的海鲜做法不拘一格、多种多样，但生腌是潮汕人最钟爱的制作方法。

不管是鲍鱼、龙虾、虾蛄、螃蟹、血蛤、生蚝、薄壳等海产品，还是瘪蟹、蟛蜞和河蛤等河鲜，甚至是蛁蟟等昆虫，芹菜等蔬菜，在潮汕人的手里都可以用盐完美腌制。在大排档或饭店宴席都能闻到腌制的

腌鱼

潮汕：狭义的潮汕地区，指的是现在揭阳、潮州、汕头三市。广义的潮汕地区则包括莲花山脉（揭阳岭）以东、与福建分水岭以西、大海以北的三角区域。

味道。

当地人认为，生腌可以最大限度地保留食物原始的鲜味，吃到嘴里食物仍然有细嫩弹牙的口感，而且经过盐的腌渍，还能杀死一些附带的细菌、寄生虫。

潮汕的生腌除了盐还会放其他调料，但汕尾市的生腌追求原汁原味——仅用大量盐包裹海鲜腌制入味。这种做法被称为“干腌”。入口是纯粹的咸香和鲜甜。

腌菜

国人无法抗拒的存在

把鲜肉埋入盐罐中，做成腌肉，不仅能保持肉数月不坏，腌肉的味道也令人难以忘怀。

除了腌制肉，腌制蔬菜也是中国应用最普遍、最古老的蔬菜加工方法。咸菜、酱菜、榨菜、泡菜、酸菜等都是腌制蔬菜。

腌菜主要分为两种：非发酵性腌菜是用浓厚的食盐腌制，使微生物难以繁殖而达到经久保藏的目的。发酵性腌菜，是由于各种微生物在发酵过程中繁殖发

腌制好的芥菜根

育，使蔬菜成分分解而产生特殊的风味。

因为中国早在炎黄时代就会制作和应用食盐，新石器时代期已发明了陶器，公元前就掌握了制曲发酵技术，所以中国制作腌制食品的历史源远流长，可能起于周代以前。古籍中的“菹”字，指将食物用刀粗切，也指切过后做成的酸菜、泡菜或用肉酱汁调味的蔬菜。至汉以后，“菹”字泛称加食盐、醋、酱制品腌制成的蔬菜。

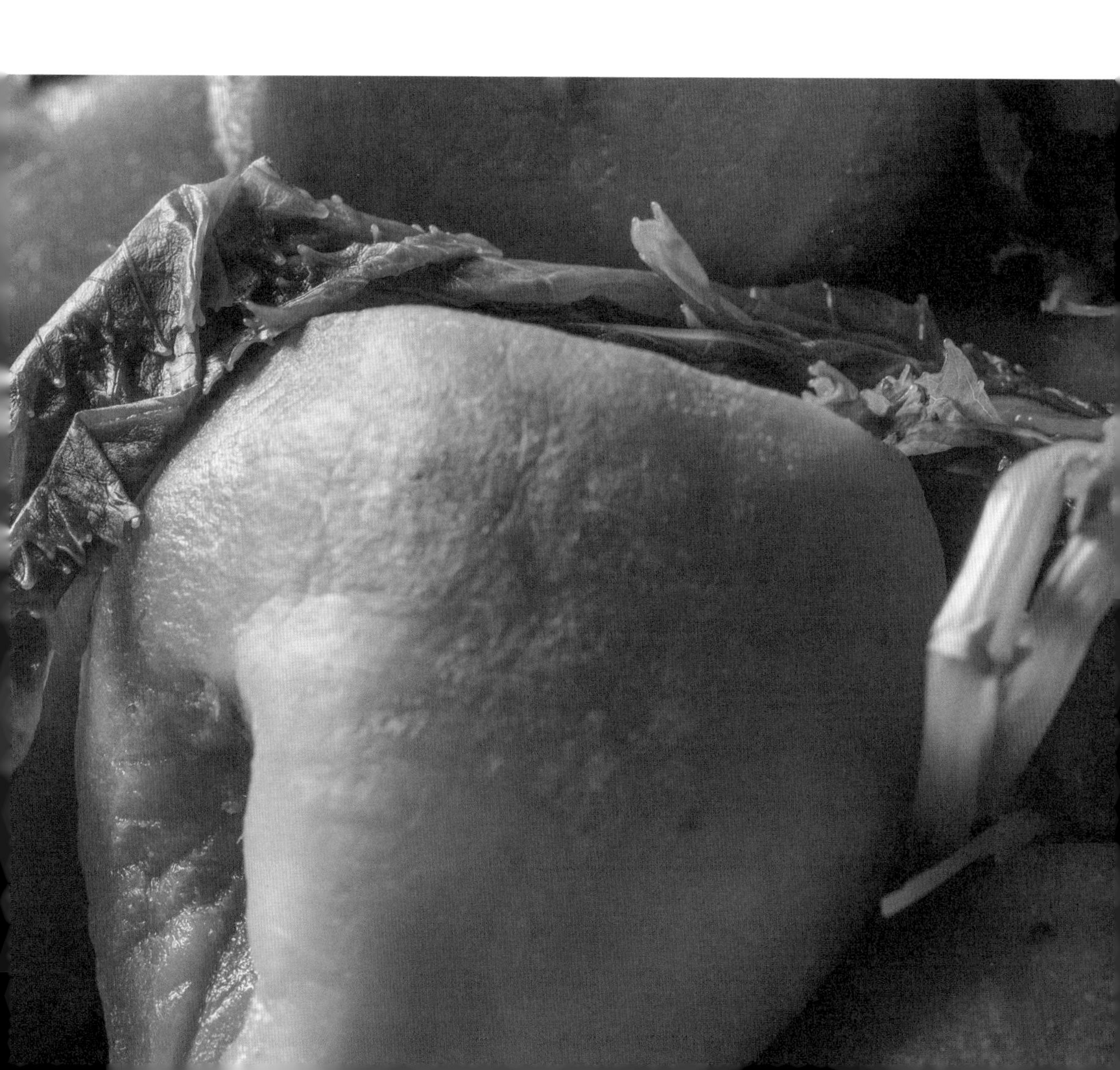

老北京最下饭的八宝咸菜

吃咸菜，在北京人心里是不分春夏秋冬的，无论是穷人还是富人，它都是大家每顿餐食里一道普通而又不可少的配菜。

老北京咸菜分为咸菜和酱菜两种。

咸菜用盐水和花椒大料等佐料腌制，主要品种有：用芥菜腌成的“水疙瘩”、用苤蓝菜腌成的苤蓝菜丝、用萝卜腌成的萝卜条等。

北京制作酱菜的酱园分为三类：一是起于明朝的老酱园，多为山西临汾人开设，以六必居为代表；二是南酱园，以创办于乾隆年间的桂馨斋为代表，王致

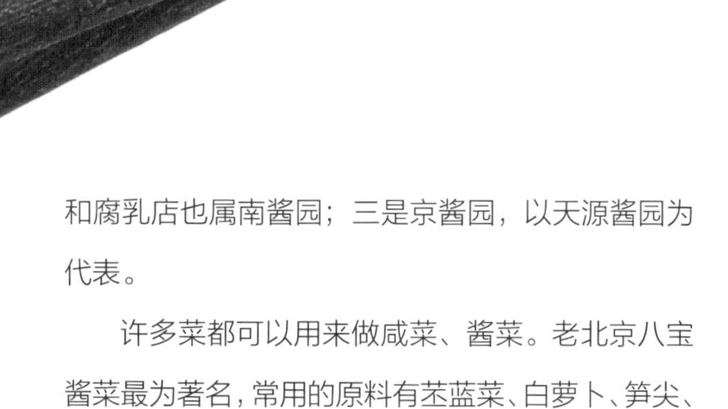

和腐乳店也属南酱园；三是京酱园，以天源酱园为代表。

许多菜都可以用来做咸菜、酱菜。老北京八宝酱菜最为著名，常用的原料有苤蓝菜、白萝卜、笋尖、花生仁、生姜、茴子白、黄瓜、莲藕、大青椒、荸荠、银条菜等，品种多样。前四种必不可少，其他则可任选四种。

八宝咸菜

风味云南 不食人间『腌』火

韭菜花

时至今日，尽管吃的东西很多，菜肴品种五花八门，就像北方人仍然喜欢咸菜一样，云南的大街小巷依旧能看到酸腌菜、韭菜花等咸菜。

对自古产盐的云南人来说，朴实无华的咸菜最下饭、最开胃。民间流传着云南十八怪之一便是“出门爱带酸腌菜”。

云南酸腌菜不同于北京咸菜的咸香，也不同于四川泡菜的辛辣，而是青菜叶在腌菜坛里发酵的酸爽！酸腌菜是用扁杆大青菜腌制的，云南人称这种菜为苦菜。将苦菜洗净晒干，直至苦菜蔫了。将苦菜切段，按蔬菜和盐的比例入缸，用油纸包好，上面盖上沉重的石板。静待几个月后，便可开盖食用。炒菜、吃米线、拌米饭等多种场合都可放点酸爽的酸腌菜。

一碟腌制的酱菜
南北口味争奇斗艳

盐不仅有杀菌的作用，而且是制作酱菜和酱油的重要原材料。各种蔬菜在酱菜缸与食盐相遇，经过时间的沉淀，盐的咸与食物中分解的氨基酸融合在一起，调制出令味蕾激动的口味，制作出可口的酱菜。

中国的酱菜可分为北味与南味两大类。北味酱菜

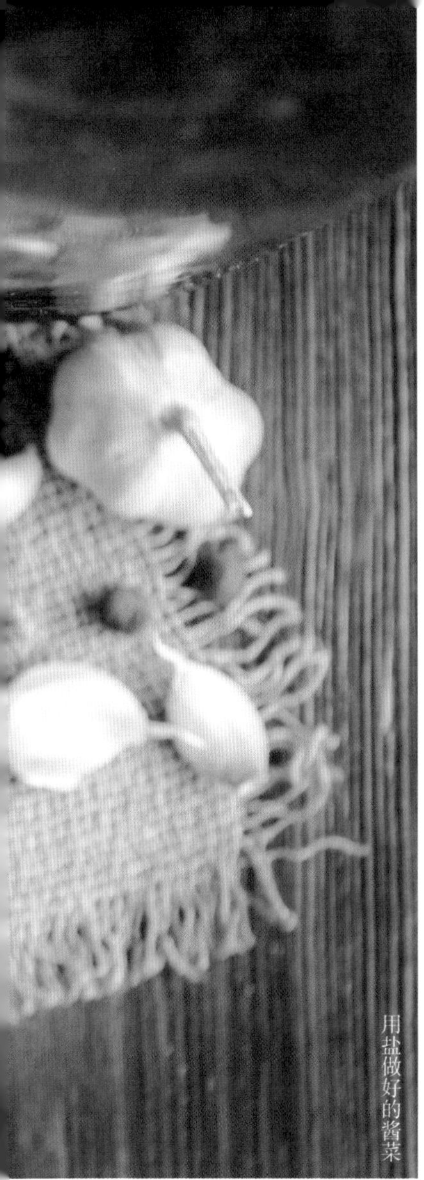
用盐做好的酱菜

腌菜缸

口味偏咸，酱味浓郁，咸香生津，耐得住回味。

南味酱菜口味偏淡偏甜。扬州酱菜具有鲜、甜、脆、嫩四大特点，在国内外享有很高的声誉。扬州市最有影响力的三和四美酱菜始创于清嘉庆年间（1817 年），拥有两百多年的历史。清代时，扬州酱菜被列为宫廷御膳小菜。

青头菜与盐的绝美搭配

涪陵榨菜

涪陵榨菜是源自重庆涪陵区的一种咸菜，原料为涪陵特有青菜头。

清光绪年间，涪陵人邱寿安开设了“荣生昌”酱园。他选用肉厚质嫩的本地青菜头，在微风的吹拂下半干，加盐揉搓腌渍，然后再用木榨榨干盐水和菜中酸水，放上调料装坛密封，这种用木榨加工的菜，就是“榨菜”，后来涪陵榨菜腌制方法逐渐传开，榨菜作坊已遍及四川沿长江一带。乌江榨菜就是涪陵榨菜的一个品牌。

1915 年，涪陵榨菜获得巴拿马万国商品博览会金奖。自此，涪陵榨菜与法国酸黄瓜、德国甜酸甘蓝，并称为“世界三大名腌菜”。

涪陵榨菜

大粒泡菜盐

自贡的跳水冠军 大粒盐泡菜

蔬菜吃不完，自然要贮存起来。制作泡菜的初衷就是为了延长蔬菜的保存期限，四川人对泡菜的喜爱天下无双。

盛夏的早晨，还不到 8 点，在四川省自贡市燊海井门口，等候买盐的人已经排成了一条长龙。这里每天限量销售自制的大粒泡菜盐。在许多自贡人心中，燊海井的大粒盐是腌制四川泡菜的最佳选择，哪怕起个大早，排长队也值得。

腌菜只能用大粒盐，不能用细盐，大粒盐腌制后保存时间更长。自贡的大粒盐咸度适中，经过轻度脱水，在乳酸菌的作用下，泡菜变得酸爽鲜脆、可口开胃。再拌上辣椒油，就是最好的下饭菜。

做好泡菜并不难，几乎各种蔬菜都能作为制作泡菜的原料，萝卜、红椒、青笋、嫩姜，合理搭配颜色，更能增加食欲。晾晒好的白开水中撒入自贡大粒井盐、花椒、大料等调味，然后放入洗好的蔬菜。一块块各种各样的蔬菜如同跳水运动员一般，跳入泡菜坛子中，因而得名“跳水泡菜”和“洗澡泡菜”。密封好的泡菜坛子放在阴凉处，一天后就能尝到开胃爽口的泡菜。

切原材料

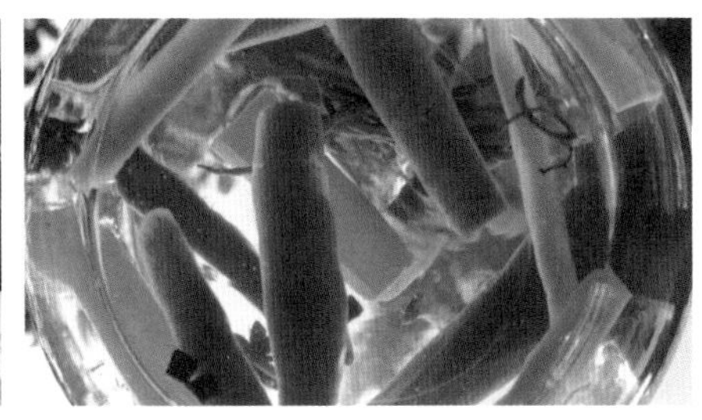
腌制自贡泡菜

东北人的冬天离不开一坛酸菜

南方热，肉不好保存，古代人用盐腌肉，存储过冬，而北方的冬天非常冷，尤其是东北地区，肉放在冰雪里就能保存，蔬菜则用盐腌制过冬。

秋末冬初，农历十月份左右，东北人开始买白菜腌制酸菜了。因为需求量大，买白菜时不论棵，也不论斤，小门小户论百斤，大户人家论千斤。

东北酸菜饺子

如今的冬天，蔬菜已不再紧缺，酸菜也不是冬天的专利，一年四季只要想吃就能吃到。

腌制好的酸菜可以制作出各种各样的美食，酸菜饺子、酸菜炖粉条、酸菜鱼、酸菜肥肠、酸菜排骨、小炒酸菜等。

酸白菜汆白肉是其中一道著名的东北菜。因为酸菜经过腌制，带有咸味，调味盐不宜多加。咸酸可口的酸菜缓解了肉的肥腻，吸满肉的浓香，肉中又带着酸菜的香味，肥而不腻、口感脆嫩、非常爽口。

图书在版编目（CIP）数据

中国美食之源 . 盐的故事 / 周莉芬主编 . -- 北京 : 中国科学技术出版社 , 2023.7
ISBN 978-7-5236-0198-3

Ⅰ . ①中… Ⅱ . ①周… Ⅲ . ①食盐－普及读物 Ⅳ . ① TS2-49

中国国家版本馆 CIP 数据核字 (2023) 第 077054 号